坚硬顶板切顶留巷围岩破坏态势演化与随态控制

朱恒忠　何富连　殷帅峰　王　宝　著

中国矿业大学出版社
·徐州·

内 容 提 要

本书系统总结了作者从事无煤柱开采切顶留巷以来的研究成果，从理论、技术、实践三个方面对坚硬顶板切顶留巷关键技术与围岩随态控制进行了深入浅出的论述。分析了坚硬顶板切顶留巷工作面矿压显现特征，阐明了坚硬顶板切顶留巷的围岩全周期态势演化规律，探究了坚硬顶板切顶留巷围岩结构失稳机理。针对坚硬顶板切顶留巷，创新性地研发了坚硬顶板三向聚能预裂爆破技术、碎石帮挡矸复合加固技术、巷道围岩随态控制技术。研究成果丰富了无煤柱开采切顶留巷的理论与技术体系，对促进无煤柱开采技术具有重要的现实意义。

本书可供从事采矿工程科研教学的人员及相关工程技术人员阅读，亦可为岩土工程、地质工程、安全工程等相关专业人员提供技术借鉴和理论参考。

图书在版编目(CIP)数据

坚硬顶板切顶留巷围岩破坏态势演化与随态控制 / 朱恒忠等著. — 徐州 : 中国矿业大学出版社，2024. 11. — ISBN 978-7-5646-6561-6

Ⅰ. TD823.4

中国国家版本馆 CIP 数据核字第 2024C79J62 号

书　　名　坚硬顶板切顶留巷围岩破坏态势演化与随态控制
著　　者　朱恒忠　何富连　殷帅峰　王　宝
责任编辑　马晓彦
出版发行　中国矿业大学出版社有限责任公司
（江苏省徐州市解放南路　邮编 221008）
营销热线　(0516)83885370　83884103
出版服务　(0516)83995789　83884920
网　　址　http://www.cumtp.com　**E-mail**:cumtpvip@cumtp.com
印　　刷　苏州市古得堡数码印刷有限公司
开　　本　787 mm×1092 mm　1/16　**印张** 11.25　**字数** 215 千字
版次印次　2024 年 11 月第 1 版　2024 年 11 月第 1 次印刷
定　　价　49.00 元

前　言

在能源低碳转型的重要窗口期，发挥煤炭在“双碳”目标实现过程中的兜底保障作用，是推动实现经济社会高质量发展的重要支撑。近年来，无煤柱开采已经成为实现煤炭资源高质量开发的重要发展方向。沿空切顶留巷成为无煤柱开采工作面巷道的典型留巷方式之一。伴随沿空切顶留巷的大范围推广，煤炭资源得到更高效地开发利用。但是，在石炭纪坚硬顶板等类似生产地质条件下进行沿空切顶留巷过程中产生的工作面动载矿压、坚硬顶板悬顶诱发的冲击动力灾害，致使矿山压力与围岩控制环境显著恶化，造成巷道支护结构失效损毁、采空区大面积悬顶乃至巷道冒顶等强烈矿压显现，成为煤炭安全高效开发亟须解决的突出难题。因此，系统研究坚硬顶板切顶留巷围岩破坏机理及关键技术与工程应用，具有重要的理论指导与现实意义。

本书针对坚硬顶板切顶留巷实施过程中出现的强烈矿压显现，在大量现场调研与实测基础上，综合运用理论分析、数值模拟、工程应用等手段，开展了坚硬顶板切顶留巷围岩破坏态势演化与随态控制研究。全书分为 7 章：第 1 章详细阐述了国内外关于切顶留巷工作面覆岩运动规律、矿压显现规律、切顶预裂爆破及巷道围岩控制等方面的研究现状，分析了研究不足，提出了本书的研究内容、研究方法和技术路线；第 2 章基于现场实测，分析了坚硬顶板切顶留巷赋存环境、工作面矿压显现特征、巷道矿压显现特征，获得了切顶留巷工作面和巷道矿压显现的“双不对称”特征；第 3 章从偏应力视角，阐明了坚硬顶板切顶留巷一次成巷阶段、二次复用阶段的围岩态势演化规律，以及切顶对切顶留巷围岩位移场、应力场的影响规律；第4章明确了坚硬顶板切顶预裂爆破的优化方向，研发了适用于坚硬顶板切顶的三向卸压预裂爆破装置，确定了坚硬顶板切顶高度、切顶角度及装药结构等关键参数，并在此基础上进行了现场实验，考察了切顶预裂爆破效果；第5章分析了坚硬顶板切顶留巷围岩应力环境，阐明了切顶留巷围岩破坏机理，总结了坚硬顶板切顶留巷围岩控制要求；第6章提出了坚硬顶板切顶留巷围岩控制原则，研发了碎石帮挡矸复合加固技术、超前支护段刚柔密强支护技术和巷道围岩随态控制技术，并进行了工业性实验；第7章总结了本书主要结论。

由于我们的理论与学识水平有限，谬误与不足之处，恳请专家同行和读者批评指正。

作　者

2024年10月

目　录

1 绪　论

本章首先阐述了无煤柱开采工作面切顶留巷的国内外研究现状和发展趋势，详细梳理了切顶留巷工作面覆岩运动规律、矿压显现规律、切顶预裂爆破、巷道围岩控制等方面的研究现状，在此基础上引入了石炭纪坚硬顶板切顶留巷与围岩控制的必要性与研究意义，最后详细阐述了本书研究内容、研究方法与技术路线。

1.1 问题的提出

煤炭是我国的基础能源和工业原料，长期以来为我国社会经济可持续发展和国家能源战略安全提供了有力保障，在国民经济中发挥着"压舱石"的重要作用[1]。近年来，煤炭行业呈现出优良循环发展、大型矿区集约安全高效、生产结构持续优化的良好局面[2-3]。绿色矿山、智能矿山建设推动了煤炭行业向安全、高效、绿色、智能、创新领域纵深发展[4-5]。2024 年，中国能源消费总量为 59.6 亿 t 标准煤，其中煤炭消费量占比为 53.2%，较 2023 年下降 1.6 个百分点，这一比重仍高于非化石能源消费量(18.9%)和石油、天然气消费量(28.9%)，但下降速度加快。可见，我国现阶段的原油、天然气、其他能源消费比重依然较小，在较长时期内难以满足我国能源的消费需求。因此，煤炭作为基础性能源，"压舱石"的"兜底"地位在相当长的时期内依然不会改变。

我国能源发展"十四五"规划明确指出了加快能源基地建设，建立煤炭应急保障常态机制[7]。相继建成了神东、宁东、陇西、蒙东等大型煤炭基地，千万吨级高产高效现代化矿井已经群体涌现。晋能控股集团的组建为山西煤炭产业发展注入了新活力，旗下大型甚至特大型矿井的高效开发在我国能源基地建设中发挥着越来越重要的引领作用。伴随无煤柱开采技术的推广应用，煤炭资源得到更高效的开发利用。通过对大同矿区、朔南矿区、轩岗矿区进行现场调研，发现上述矿区因赋存侏罗系和石炭纪"双系"煤层[8-9]，上覆岩层类型属于典型的坚硬砂岩顶板，广泛分布着细砂岩、粉砂岩、中砂岩、含砾粗砂岩等坚硬砂岩层，坚硬砂岩层占比达到60%以上，局部区域坚硬砂岩层占比可达80%[8-9]。在此类赋存条件下进行无煤柱开采时[10-12]产生的工作面动载矿压、坚硬顶板悬顶诱发的矿山冲击动力灾害，致使矿山压力与围岩控制环境显著恶化，造成巷道支护结构失效损毁(见图1-1)乃至冒顶、片帮等强矿压显现，成为煤炭安全高效开发亟须解决的突出难题。

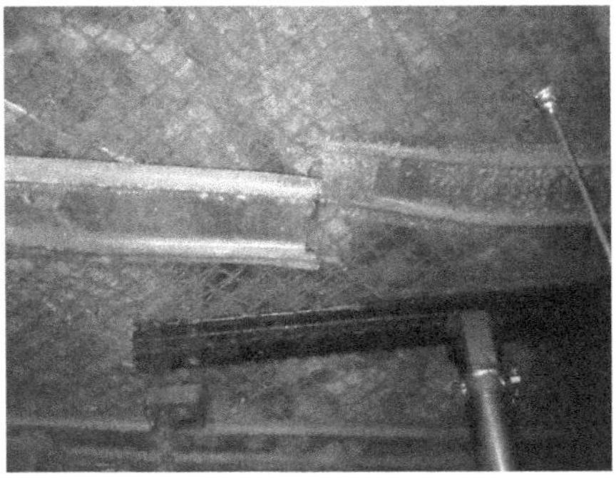

(a) 钢带断裂

(b) 锚索脱落失效

图 1-1　巷道支护结构损毁实景

通过多次现场踏勘，在石炭纪坚硬顶板工作面无煤柱开采实践中发现：① 石炭纪坚硬顶板经过切顶预裂爆破后，采空区内的坚硬顶板容易发生悬顶，由此产生的载荷向周边传递，从而促使邻近采场和巷道的应力环境呈现特殊性和复杂性。坚硬顶板悬顶促使煤岩体积聚大量弹性能，一旦悬顶突发破断失稳，若条件充分必将导致巷道动载、围岩大变形等矿压显现。② 显著不同于沿空掘巷顶板结构，切顶巷道上覆岩层结构经过预裂爆破后，基本顶结构已经不再是典型的"O-X"形断裂形式。因此，如何从分析基本顶断裂结构视角出发，明晰基本顶断裂结构对切顶巷道围岩破坏的影响机理，是值得深入思考的问题。③ 在石炭纪坚硬顶板切顶留巷过程中，传统观点提出的支护方案应用于工程实践中，锚杆（索）断裂、脱落以及钢带弯曲撕裂现象时有发生。基于巷道围岩态势均一性提出的支护方案，难以有效适应巷道顶板结构及岩性变化对支护随态调控提出的新要求。

石炭纪坚硬顶板切顶留巷与顶板结构、岩体性质、切顶预裂爆破工艺、切顶参数、开采工艺等因素密切相关。国内外专家学者对无煤柱开采实践中的切顶预裂爆破、巷道支护工艺、覆岩结构等进行了研究，并形成了成套技术与工艺，为我国无煤柱开采技术的大范围推广应用做出了突出贡献，为石炭纪坚硬顶板切顶留巷与围岩控制工程实践提供了理论依据和技术借鉴。然而，目前关于石炭纪坚硬顶板赋存条件下的切顶留巷与围岩控制研究成果依然很少。石炭纪坚硬顶板切顶巷道在一次成巷阶段和二次复用阶段的围岩态势演变规律如何？切顶预裂爆破对坚硬顶板破断的影响规律如何？切顶结构运动对切顶巷道围岩破坏的影响过程如何？只有深入系统地研究这些关键问题，才能深刻揭示石炭纪坚硬顶板切顶留巷围岩破坏失稳机理，进而在工程实践中实现对切顶留巷围岩的科学控制。当前煤炭资源索取与矿山安全高效集约化的矛盾日益尖锐化，迫使我们对无煤柱开采理论与技术这一课题予以高度重视。因此深入系统研究石炭纪坚硬顶板切顶留巷与围岩随态控制系统具有必要性和紧迫性。

本书以大斗沟煤矿典型切顶巷道为工程研究背景，以石炭纪坚硬顶板切顶留巷与围岩随态控制为研究主线，探究石炭纪坚硬顶板切顶留巷矿压显现特征，明晰切顶留巷在一次成巷和二次复用阶段的围岩态势演变规律，研发适用于坚硬顶板的三向卸压聚能预裂爆破装置，形成石炭纪坚硬顶板切顶留巷预裂爆破关键技术，阐明石炭纪坚硬顶板切顶留巷围岩破坏机理，提出石炭纪坚硬顶板切顶留巷围岩随态控制方法，开展石炭纪坚硬顶板切顶留巷围岩随态控制工程实践。研究成果将为石炭纪坚硬顶板条件下安全高效矿井建设提供关键理论和技术支撑，具有重要的理论指导与现实意义。

1.2 国内外研究现状

1.2.1 切顶留巷工作面覆岩运动规律研究现状

覆岩运动是工作面及巷道矿压显现的根源，尤其是覆岩结构破断失稳方式对工作面及巷道矿压显现产生重要影响[13-14]。国外最具代表性的矿山压力理论包括自然平衡拱假说、压力拱假说、悬臂梁假说、铰接岩块假说[15]。国内最有影响力的理论分别是砌体梁理论[16]和传递岩梁理论[17]。这些研究成果为本书研究内容的开展提供了研究思路和参照基础。

随着无煤柱开采技术的大范围推广应用，需要对无煤柱开采工作面在切顶留巷过程中的覆岩运动规律进行探究。何满潮院士在充分认识砌体梁理论、传递岩梁理论的基础上提出了无煤柱自成巷开采条件下的“短臂梁结构”[18-20]，该结构以断裂位置为中心产生回转下沉，结构一端回转下沉后，靠采空区内矸石支撑，另一端由实体煤支撑。巷道宽度、关键块回转运动对顶板变形影响较大。

陈上元等[21]认为工作面采过后，采空区上方顶板在切顶留巷碎石帮侧形成弧形三角板，而实体煤、直接顶、巷道帮部支护结构和采空区内垮落矸石可以看作不同刚度的弹性体，顶板载荷由实体煤、巷帮支护结构、采空区矸石共同支撑。

张权等[22]基于切顶巷道覆岩运动规律，建立了“围岩结构-巷帮支护结构”力学模型，指出采空区内的低层位基本顶可以间接转化为直接顶冒落在采空区，采空区内的矸石碎胀作用限制了基本顶回转变形。

朱珍[23]分析了顶板关键块体的运动过程，将关键块体、直接顶、煤层、矸石及底板组合形成的结构称为组合承载结构，指出切顶巷道围岩结构由大结构“应力拱结构”、小结构“组合承载结构”和微结构“切顶卸压结构”共同组成。

马资敏[24]提出了切顶成巷的双平衡结构，采空区矸石、短臂梁和实体煤形成直接顶平衡拱，即第一个结构平衡拱。位于直接顶平衡拱之上的是基本顶铰接岩梁结构，可以称为基本顶平衡拱。上述两个结构分别对能否成功切顶成巷、维持直接顶平衡拱稳定起着至关重要的作用。分析发现切顶成巷覆岩运动具有时间非对称性、断裂非对称性、裂隙带发育高度非对称性、地表沉降非对称性的特征。

高玉兵等[25-26]根据巷道顶板与两帮围岩的变形特征，将切顶巷道分为超前支护区、动压区、稳定区，分析了巷道顶板结构运动从固支状态→简支状态→悬臂状态→简支状态的全过程。

杨朋等[27-28]以留巷稳定性为研究指标，指出沿空留巷大结构从最初掘巷阶段的"易稳定拱结构"逐步演化到留巷阶段的"有条件稳定拱结构"，最终形成二次采动超前影响阶段的"难以稳定结构"。

甄恩泽[29]基于倾斜厚煤层与水平煤层的显著差别，建立了倾斜厚煤层切顶留巷无煤柱开采的基本顶挠度方程，推导计算了基本顶初次破断的应力大小，分析了切顶成巷围岩在下位顶板垮落阶段、上位顶板断裂运动阶段、稳定阶段时形成的顶板结构及失稳模式。

王炯等[30]采用高精度数字散斑成像等方法，开展了切顶成巷岩层运动物理相似模拟实验，模拟结果表明切缝侧覆岩超前于未切缝侧覆岩垮落，且垂直位移、离层也大于未切缝侧。

王亚军等[31]指出承压结构是上覆岩层压力的主要承载体，在矸石和实体煤支撑作用下可保持平衡，卸压结构能够与巷内支护和巷帮煤体共同形成稳定的内圈结构；并分析了基本顶断裂位置和运动位态是影响巷道围岩变形的最主要因素。

以上学者通过理论分析，建立切顶侧上覆顶板的破断结构模型，分析了顶板结构在采动过程中的运动与力学特征。无煤柱开采工作面在回采过程中，改变了上覆岩层的"O-X"断裂结构。顶板结构不仅影响一次采动时的沿空巷道矿压显现，而且因受下一个工作面重复采动而活化，再次影响沿空巷道的围岩变形。因此，如何分析巷道一次成巷时期和二次复用时期的顶板运动对巷道围岩变形的影响，需要进一步探索。

1.2.2　切顶留巷工作面矿压显现规律研究现状

矿压显现是力源作用于围岩的具体体现。国内外学者综合运用多种研究方法,以切顶留巷工作面、切顶巷道顶板、切顶巷道切顶侧矸石帮、切顶巷道未切顶侧实体煤侧、切顶巷道支护体为研究对象,对切顶留巷工作面矿压显现开展了深入研究。

马资敏等[32-33]以店坪矿中厚煤层为工程实践背景,系统监测了10-100工作面回风巷在切顶一次成巷、二次留巷复用过程中的矿压显现,揭示了切顶留巷围岩变形的非对称破坏机制,将留巷矿压显现分为顶板运动剧烈阶段、顶板运动缓慢阶段、顶板运动阶段。

陈上元等[34-35]根据巷道围岩变形特征对切顶留巷进行了分区,指出切顶卸压有效降低了巷道侧向支承压力、顶板下沉量和实体煤帮鼓出量。切缝卸压可减小一定范围内工作面支架平均压力和周期压力。

高玉兵、杨军等[36-37]以断层构造影响下切顶成巷工程实践为背景,研究了此条件下的矿压分布规律得出,工作面推进位置处于断层构造带附近时,超前支承压力增大约55%;工作面推进位置过断层后,超前支承压力突降。断层影响下的顶板来压活动更为剧烈,支架平均载荷增大约47%;滞后工作面成巷区,临时支护结构受力增大约20.5%。

安博等[38]从数值模拟角度揭示了切顶留巷垮落区两侧的应力分布特征,切顶一侧的竖向应力和切向应力都较大,工作面超前区域的应力随着工作面推进距离的增加而增大。

何满潮等[39-40]开展了碎裂顶板切顶留巷采空区顶板垮落实验,爆破区域沿空侧采空区矸石垮落充满巷帮的时间是非爆破区域的40%,巷道稳定速度更快。切顶侧巷帮垮落矸石块度随钻孔间距增大而增大,非爆破区域垮落矸石块度最大为1.33 m,爆破区域垮落矸石宽度最大仅为0.36 m。同时发现了切顶留巷工作面矿压显现分区现象,即矿压沿工作面倾向呈现中部高、两端低的非对称状态。切缝侧周期来压强度有所减小,步距有所增大。

朱恒忠等[41]以塔山煤矿8304工作面为例,采用自然观测法、标记观测法分析了不同岩性顶板的矸石碎胀特征。泥岩、细砂岩垮落后的初始碎胀系数分别为1.71、1.56,压实后的残余碎胀系数分别为1.49、1.37,分别在滞后工作面109 m、103 m处趋于稳定,为矸石帮支护提供了有益参考。

张勇等[42]研究了"三软"煤层条件下切顶巷道二次复用围岩稳定性，将巷道矿压显现分为缓慢变形区、加速变形区和剧烈变形区。切顶侧的侧向应力最大值小于矸石帮，指出切顶技术有效切断了顶板部分应力传递路径。

高玉兵、王琦等[43-44]提出了顶板应力释放率、侧向支承压力提升率等定量评价指标，得出与沿空掘巷相比，切顶能够促使巷道上方顶板处于卸压状态，侧向支承压力向煤体深部转移。相对来说，切顶巷道更容易控制。

以上学者从不同角度研究了切顶卸压自成巷工作面、巷道的矿压显现规律，集中阐述了工作面矿山压力及巷道围岩变形的不对称特征，揭示了切顶对工作面矿压显现的影响特征。然而，切顶留巷矿压显现规律的关键之处在于下一个工作面回采时的二次复用。因此，研究切顶成巷二次复用阶段的矿压显现规律是采取针对性围岩控制措施的前提。

1.2.3　切顶留巷工作面切顶预裂爆破研究现状

切顶预裂爆破是切顶留巷能否留得住、顶板能否切得下的关键步骤，切顶参数和爆破参数的设计与工程实验是切顶预裂爆破技术的两大关键点[45-47]。国内外学者综合运用理论分析、数值模拟、工程实验等方法对切顶留巷工作面切顶预裂爆破理论与技术进行了研究。

华心祝等[48]认为无煤柱切顶留巷开采技术的核心工艺为预裂爆破技术，基本顶在切顶预裂爆破期间是一个动静耦合作用的过程，装药长度与炮孔间距是决定性因素。基于切缝对顶板的影响特征，建立了切缝形成判据，量化了基本顶能够成缝与装药长度、炮孔间距的关系。

高海南等[49]综合运用理论分析、数值模拟和现场实验的方法分析了预裂切顶机理，指出非聚能爆破模式下的裂缝向四周扩展，破坏了顶板完整性。而聚能爆破形成的应力波，使得顶板受到定向预裂作用进而形成定向裂缝。

马新根等[50]系统总结了无煤柱开采切顶预裂爆破的关键参数设计方法，将其分为切顶设计与爆破设计两类，研究了切顶高度、切顶角度、切顶连通率、单孔装药量、炮眼间距、单次起爆数量 6 个关键参数的设计取值问题。综合理论分析和数值模拟分析的方法，确定了装药不耦合系数和炮孔间距的优选取值。

高玉兵、何满潮等[51-52]综合考虑无煤柱开采切顶预裂爆破的特殊性，引入聚能系数，建立了联孔聚能爆破力学模型，获得了聚能爆破损伤深度判据，为设计炮孔间距奠定了理论基础。

朱珍等[53]运用弹塑性力学理论研究了切顶成巷顶板预裂切缝卸压机理，分析了爆破前后的顶板载荷分布，指出装药量、装药方式、封孔长度和孔间距等参数的确定深受顶板岩性和顶板结构的影响。

栾恒杰、张国锋、刘婷婷等[54-56]研究了顶板切断特性的切缝长度效应，建立了单侧或双侧含切缝的岩块剪断破坏模型，指出单侧含切缝岩块的抗剪强度随切缝长度增加而增大。

谢和平、左建平等[57-59]认为炸药爆炸过程中产生的爆轰波能够有效促使岩体产生裂纹。在爆轰波强度一定的情况下，改变爆轰波的入射角度，能够使其最大限度地促使裂纹扩展延伸。

刘健、高魁等[60-62]认为爆破应力波产生的拉伸应力是造成顶板成缝的根本原因；聚能方向上裂隙的发育尺度要大于非聚能方向上的裂隙发育尺度；爆轰波可以促使聚能方向上的裂隙持续扩展延伸。

此外还有胡超文、宋文军、张彦等[63-70]综合运用数值模拟、理论分析、工业性实验对切顶角度、切顶高度、切顶钻孔间距和装药量、单次起爆数量等关键参数进行了研究。值得一提的是，与切顶预裂爆破相比，KLJ7 型矿用智能链臂切顶机[71-73]解决了传统切顶工艺中“部分预裂孔未打通成缝”及“预裂后顶板垮落不规整导致后期巷道维护困难”等问题。

1.2.4 切顶留巷工作面巷道围岩控制研究现状

切顶留巷工作面巷道围岩控制一直是无煤柱开采工作面巷道长期维护的重点，目前已经形成了“切缝侧锚索支护＋矸石帮挡矸支护＋超前支护”为主题工艺的围岩控制体系[74-76]。已经发表的研究成果如下：

陈上元等[77]根据切顶巷道的变形状态，将巷道分为超前影响区、变形区和稳定区。在超前影响区采用加强支护、预裂爆破切顶的方案，在变形区采用加强临时支护配合挡矸支护，在稳定区内直接对碎石帮进行喷浆密闭。

高玉兵、杨军等[36-37]针对基于断层区域矿压显现强烈的现状，提出了临时支护采用帮部加强支护、顶板采用门式支架进行支撑，外加单体液压支柱提供有效支撑力的支护方案，采用恒阻锚索配合W型钢带控制实体煤帮，采用可缩型U型钢来进行挡矸支护。

高玉兵等[78]基于沿空切顶巷道顶板结构运动过程，提出了构建“基本顶上位岩层—采空区碎胀矸石—巷道切顶短臂梁”围岩稳定结构的控制思路，提出了在厚煤层以较快速度回采时的切顶巷道围岩的控制方案，以恒阻大变形锚索和墩式液压支架来控制顶板下沉，采用伸缩滑移的护帮结构、自动移动的防冲结构、波浪式结构的锚杆来控制巷道帮部，形成了根据顶板结构运动状态和碎石运动状态变化的控制技术。

高玉兵等[79]针对切顶卸压成巷碎石帮控制难题，提出了动压防冲、缓压让位和恒压稳控的多层次控制思路，设计研发了滑移式让位护帮结构和波式多阻护帮结构，控制效果显著。

王琦等[80]针对深部高应力巷道，基于顶板破坏严重难题，提出了以切顶卸压为基础的锚护与注浆相结合的成巷方法。

陈上元等[35]以深部矿井切顶巷道为工程实践背景，提出了在顶板控制上要主动卸压、在巷道帮部支护上要抗压、在临时支护上要高强支护，形成了深部矿机切顶巷道的协同控制技术。

朱珍[23]针对围岩运动时空特性，对无煤柱无掘巷开采成巷区的支护进行了分区，即高强度支护区、逐步回撤区和完全回撤区。对围岩运动强烈的区域进行刚柔密强支护，对围岩趋于稳定的区域可以根据情况调整支护方案。

王亚军等[81]在提出“承压结构”和“卸压结构”的基础上初步形成了利用顶板切缝控制“承压结构”变形和利用NPR恒阻大变形锚索支护控制“卸压结构”变形的基本思路，提出精准切缝、非对称支护、分区支护、高预应力(初撑力)主动支护以及关键部位加强支护等巷道围岩稳定性控制对策。

刘啸[82]分析了直接顶与基本顶在切顶留巷时期的变形特征，对岩层间的剪应力差、锚杆支护密度、锚杆预紧力以及临时支护结构体刚度进行了量化，得出：增大临时支护结构体刚度、锚杆预紧力能够减小岩层间的剪应力差。

通过归纳总结切顶留巷工作面覆岩运动规律、矿压显现规律、切顶预裂爆破、巷道围岩控制研究现状，国内外学者们取得了丰硕成果，为无煤柱切顶自成巷开采提供了理论依据和技术指导。但仍然有以下三个方面需要深入研究：

(1) 在切顶留巷过程中，切顶巷道可分为一次成巷阶段和二次复用阶段，发挥着“一巷两用”的作用。因此切顶巷道围岩变形不仅受到本工作面采动影响，而且受到邻近工作面开采时的采掘扰动影响。目前大多数研究是针对切顶留巷一次成巷阶段的覆岩运动，关于切顶巷道全过程的覆岩运动及其对巷道围岩破坏的影响规律鲜有报道。本书将探究切顶巷道一次成巷阶段和二次复用阶段的顶板运动过程及其对巷道围岩破坏的影响规律，以期为巷道围岩破坏的针对性控制提供理论依据。

(2) 双向聚能预裂爆破技术在当前巷道切顶过程中发挥着重要作用，但是针对石炭纪坚硬顶板条件是否适用需要进一步检验。本书将根据坚硬顶板垮落特点，研发针对石炭纪坚硬顶板的切顶预裂聚能爆破装置，为促使坚硬顶板顺利垮落提供有效手段。

(3) 目前针对切顶留巷围岩控制主要基于巷道围岩破坏的均一性，没有考虑采掘扰动对切顶巷道围岩破坏的动态影响过程，因此相应的支护方案难以高度适应切顶留巷围岩破坏动态变化。本书根据切顶留巷围岩态势演变规律，提出了考虑切顶留巷围岩破坏动态变化的随态控制方案，以期能够为类似条件下的切顶留巷围岩科学控制提供理论指导。

1.3 研究内容与研究方法

1.3.1 研究内容

本书紧密围绕坚硬顶板切顶留巷矿压显现及围岩特性评价、坚硬顶板切顶留巷围岩态势演变规律、坚硬顶板切顶预裂爆破成巷关键技术、坚硬顶板切顶留巷围岩结构稳定性与失稳机理、坚硬顶板切顶留巷围岩随态控制五个方面，开展递进层次研究，具体内容如下。

1.3.1.1 坚硬顶板切顶留巷矿压显现及围岩特性评价

(1) 坚硬顶板切顶留巷赋存环境特征

以大同矿区大斗沟煤矿为工程研究背景，依托大斗沟煤矿典型切顶巷道，在分析巷道采掘部署、采掘时空关系、生产系统、煤层赋存特征、覆岩特性、地质构造、水文地质条件、瓦斯及煤尘、煤层自燃等生产地质条件的基础上，明确以煤层赋存特征、顶板结构为主的石炭纪坚硬顶板切顶留巷赋存环境特征。

(2) 坚硬顶板切顶下工作面矿压显现特征

现场实测分析典型无煤柱开采工作面支架-围岩作用关系，以及靠近切顶侧工作面与靠近未切顶侧工作面的基本顶来压特征、工作面动载来压及支架载荷的动态变化规律。探究工作面不同分区的矿压显现及切顶爆破前后的矿压动态变化。

(3) 坚硬顶板切顶巷道矿压显现特征

以大同矿区大斗沟煤矿典型切顶留巷无煤柱开采工作面为依托，实测分析切顶留巷在一次成巷阶段和二次复用阶段的围岩破坏特征，以及超前支承压力分布、锚杆(索)受载情况。

1.3.1.2 坚硬顶板切顶留巷围岩态势演变规律

(1) 坚硬顶板切顶留巷物理相似模拟实验

以大同矿区大斗沟煤矿典型切顶留巷无煤柱开采工作面为物理相似模拟原型，制定物理相似模拟实验方案，模拟再现切顶留巷工作面推进过程中的覆岩运动过程及覆岩破断失稳规律。

(2) 坚硬顶板切顶留巷围岩态势数值模拟研究

通过建立数值模拟计算模型，以偏应力第二不变量、偏应力第三不变量为判断指标，探究石炭纪坚硬顶板一次成巷阶段和二次复用阶段的偏应力第二不变量、偏应力第三不变量变化规律，分析石炭纪坚硬顶板切顶留巷一次成巷阶段和二次复用阶段的围岩态势演变特征。

1.3.1.3 坚硬顶板切顶留巷预裂爆破成巷关键技术

(1) 坚硬顶板切顶成巷关键技术研究

综合运用理论分析、数值模拟、钻孔窥视等手段，科学制定切顶设计方案，考察切顶高度、切顶角度、切顶孔间距对切顶效果的影响规律，确定切顶关键参数的合理取值。

(2) 坚硬顶板切顶预裂聚能爆破关键技术研究

综合运用理论分析、数值模拟、钻孔窥视等手段，制定以装药结构、单孔装药量、起爆方式为参数的切顶预裂爆破方案，同时开展深浅孔组合爆破、分段创造导向孔爆破、D 型聚能管聚能爆破等工业性实验，分析装药结构、单孔装药量、起爆方式、封孔长度对切顶预裂爆破效果的影响。

1.3.1.4 坚硬顶板切顶留巷围岩结构稳定性与失稳机理

基于切顶留巷实体煤帮与碎石帮的煤岩体破坏实际特征，分别建立切顶留巷实体煤帮和切顶帮稳定性分析模型。明晰基本顶结构断裂位置位于巷道上方、切顶侧采空区上方、实体煤帮上方的围岩力学环境及其对切顶留巷围岩破坏的影响特征。探究石炭纪坚硬顶板切顶留巷“顶帮”的互馈力学过程，建立切顶留巷围岩结构系统稳定性理论计算模型。阐明石炭纪坚硬顶板切顶留巷围岩破坏失稳机理。

1.3.1.5 坚硬顶板切顶留巷围岩随态控制

基于石炭纪坚硬顶板切顶留巷围岩破坏特征，提出石炭纪坚硬顶板切顶留巷围岩随态控制方法，明确围岩随态控制原则，因地制宜地给出碎石帮挡矸复合加固技术以及超前支护段刚柔密强支护技术。

本章提出的坚硬顶板切顶留巷随态控制，其含义可以理解为：切顶巷道经历了一次成巷阶段，该阶段内巷道主要服务于本工作面。待相邻工作面开采时，切顶巷道进入二次留巷复用阶段，继续服务于相邻工作面开采。那么，切顶巷道在一次成巷阶段和二次复用阶段的围岩破坏各有特点。因此，根据围岩破坏状态，提出了随着围岩破坏状态变化的围岩控制技术。即根据一次成巷阶段和二次复用阶段的巷道围岩破坏“分区性”和“分时性”，采取动态围岩控制技术，也就是提出的“随态控制技术”。

1.3.2 研究方法

针对坚硬顶板切顶留巷与围岩随态控制研究，综合采用现场调研、实地监测、室内实验、理论分析与数值模拟相结合的研究方法，拟采取的研究方案分述如下。

（1）现场调研

以大同矿区大斗沟煤矿为工程研究背景，现场调研石炭纪坚硬顶板典型切顶留巷工作面的总体采掘部署、采掘时空关系、生产系统、煤层赋存特征、覆岩特性、地质构造、水文地质条件、瓦斯及煤尘、煤层自燃等生产地质条件。统计分析采空区悬顶尺寸、碎石帮挡矸效果、巷道围岩破坏特征及支护结构体损毁情况。

（2）实地监测

① 坚硬顶板切顶留巷工作面矿压显现。

根据切顶留巷工作面实际生产地质情况，沿工作面倾向上、中、下部分别安装监测仪器，监测工作面推进过程中的支架受载情况。分析工作面上、中、下部的矿压显现规律，对比分析靠近切缝侧与未切缝侧的工作面矿压显现规律。

② 坚硬顶板切顶留巷工作面巷道矿压显现。

设计切顶留巷巷道围岩破坏观测方案，分别安装监测设备观测巷道围岩收敛变形、锚杆（索）破断情况、单体液压支柱受载情况、超前支承压力分布情况，明晰巷道矿压显现特征。

（3）室内实验

① 岩石力学实验。

为准确评判顶板岩体物理力学特性，现场打钻取芯采集岩样，按照有关岩石力学测试标准将原始样加工为标准试件。每种岩样取三组试件，获得三组数据求取平均值作为物理力学参数结果。使用 MTS 815.03 电液伺服岩石力学实验系统对试件进行单轴抗拉/抗压实验，获取抗拉强度、抗压强度、弹性模量、泊松比和内摩擦角等参数，为物理相似材料模拟与构建数值分析模型提供数据。

② 物理相似模拟实验。

制定物理相似模拟实验方案，反演石炭纪坚硬顶板切顶留巷覆岩运动过程。分析石炭纪坚硬顶板切顶留巷工作面推进过程中的顶板运动过程。采用位移传感器及图像采集系统反演采动进程中的覆岩破断失稳、裂隙扩展贯通过程。

(4) 数值模拟研究

① 切顶预裂爆破数值模拟。

数值模拟对比分析普通爆破与聚能爆破的效果，模拟不同孔间距的聚能预裂爆破效果。

② 切顶成巷关键参数数值模拟。

分别模拟不同切顶高度、切顶角度的切顶效果。

③ 切顶留巷围岩态势演变规律。

数值模拟分析石炭纪坚硬顶板切顶留巷一次成巷阶段和二次留巷复用阶段的围岩应力场、位移场演化规律，考察分析一次成巷阶段和二次留巷复用阶段的巷道围岩态势演化特征。

(5) 工业性实验

① 切顶预裂爆破工业性实验。

制定以装药结构、单孔装药量、封孔长度、单次起爆孔数为参数的切顶预裂爆破方案。现场开展深浅孔组合爆破、分段创造导向孔爆破、D型聚能管聚能爆破等实验。

② 巷道围岩随态控制工业性实验。

根据切顶留巷分区的围岩态势，制定围岩随态调控方案并进行现场实验。

2 坚硬顶板切顶留巷矿压显现特征

本章首先介绍了大斗沟煤矿 8201 工作面区段运输平巷(8206 工作面区段回风平巷)采掘地质情况,定量评价了巷道围岩特性。其次,现场勘测了 8201 工作面切顶留巷围岩与支护结构的破坏形态、严重程度及矿压显现,明晰了矿压显现的“双不对称”特征。最后,实地调研了 8201 工作面切顶留巷围岩破坏情况,分析了坚硬顶板切顶留巷围岩破坏的影响因素。

2.1 坚硬顶板切顶留巷赋存环境

2.1.1 矿井概况

大斗沟煤矿位于山西省大同煤田向斜东南翼,位于大同市西南 21 km 处,地理坐标为北纬 40°00′00″～40°03′00″,东经 112°58′00″～113°05′00″,隶属大同市南郊口泉乡管辖。井田形态近似为北西—南东向分布的多边形(见图 2-1),南北长 3.85 km,东西长 3.5 km,面积约为 12.68 km^2,资源主要集中于开拓巷道西翼一侧,整体属于同忻矿北三盘区。

该煤矿主要开采山 2# 煤层,煤层厚度为 2.2～3.0 m,平均厚度为 2.4 m。直接顶为粉砂质泥岩、泥岩,局部煌斑岩侵入;基本顶是厚度为 5.10～38.59 m 的中粗砂岩、细砂岩;底板是厚度为 0.43～4.47 m 的粉砂质泥岩、泥岩。经中煤科工集团沈阳研究院有限公司鉴定,山 2# 煤层的煤尘具有爆炸性,爆炸系数为 30.21%,煤层自燃倾向性等级为Ⅱ类,最短自然发火期为 84 d。

2.1.2 生产地质条件

大斗沟煤矿采用综合机械化走向长壁后退式采煤法,留巷方式为切顶

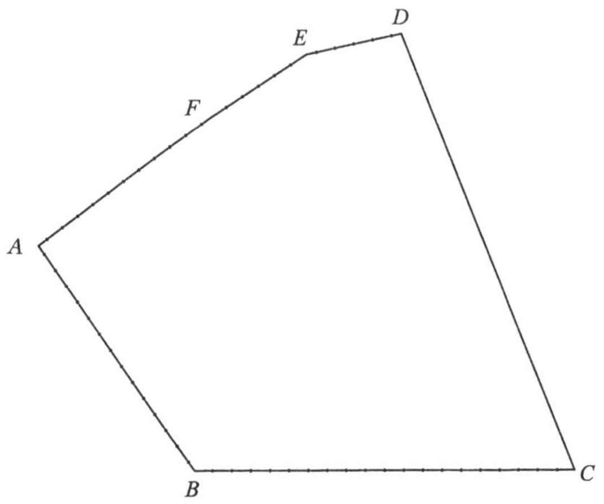

图 2-1　大斗沟煤矿井田范围

预裂爆破沿空留巷，采高为 2.4 m。本书研究重点是 8201 工作面（该矿首采工作面）、8206 工作面（该矿第二个采煤工作面），研究对象为 8201 区段运输平巷（8206 区段回风平巷）。其中，8201 工作面北东部为山 2# 煤层盘区巷、北西部为 8202 工作面（实体煤）、南东部为 8206 工作面、南西部为山 2# 煤层可采边界，工作面埋深为 450～510 m。8201 工作面走向长度为 1 238 m，倾向长度为 180 m，采用切顶卸压自动成巷技术，机采高度为 2.0～3.0 m，采空区采用全部垮落法处理。

8206 工作面埋深为 423～521 m。8206 工作面走向长度为 1 726 m，倾向长度为 180 m，采用切顶卸压自动成巷技术，机采高度为 2.0～3.0 m，采空区采用全部垮落法处理。8201 工作面和 8206 工作面切顶成巷采用定向聚能爆破切顶技术。沿 8201 工作面回风巷走向长度为 889～1 017 m、运输巷走向长度为 560～629 m 处，分别揭露了煌斑岩，煌斑岩侵入 8201 工作面的形态近似为树枝状。

8201 工作面和 8206 工作面巷道布置如图 2-2 所示。山 2# 煤顶底板概况如图 2-3 所示。

2.1.3　顶板岩样物理力学参数测试及围岩特性评价

顶板物理力学参数是评价围岩稳定性的重要指标，对明晰顶板破断失

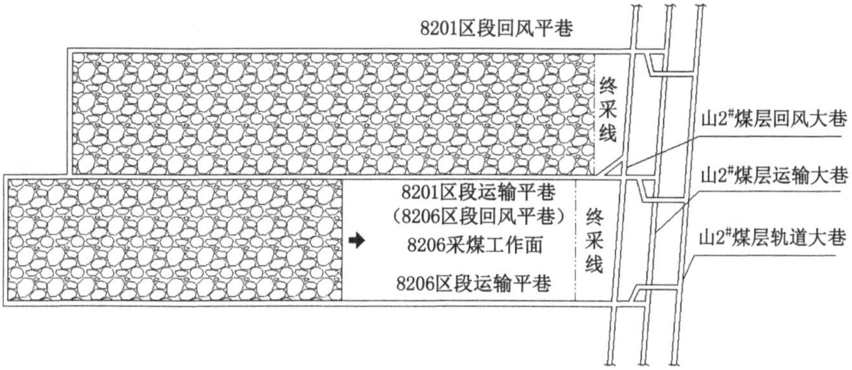

图 2-2　8201 工作面和 8206 工作面巷道布置

岩性	厚度/m	性状	岩性描述
泥岩	5.40		黑灰色泥质结构，层状构造
细砂岩	4.60		灰色粉细砂岩，局部夹中粗砂岩、泥岩，层状构造，主要矿物有石英、长石，次棱角状，分选中等，岩芯完整
中粗砂岩	13.60		灰白色中粗砂岩，局部夹泥质结构，主要矿物有石英、长石，次棱角状，分选中等，胶结物为钙质，岩芯较完整
泥岩、粉砂质泥岩，局部煌斑岩	2.00		黑灰色，泥质结构
山2#煤层	2.40		黑色，沥青光泽，层状构造
细砂岩	0.87		深灰色细砂岩，细粒状结构
泥岩	5.80		黑灰色泥质结构，层状构造

图 2-3　山 2# 煤顶底板概况

稳特征、评估围岩变形特性具有重要指导意义[83-85]。为获取 8201 工作面顶板物理力学参数，在靠近 8201 工作面回风巷侧顶板上方 15 m 范围内进行打钻取芯。在 8201 工作面后方采空区内采取完整岩样进行切割取样。现场编号并标明岩样名称，使用保鲜膜包装好岩样，同时做好岩样描述和记录。实验项目包括密度测定实验、单轴抗压强度实验、抗拉强度实验。岩石力学实验场景如图 2-4 所示，实验结果见表 2-1～表 2-3。

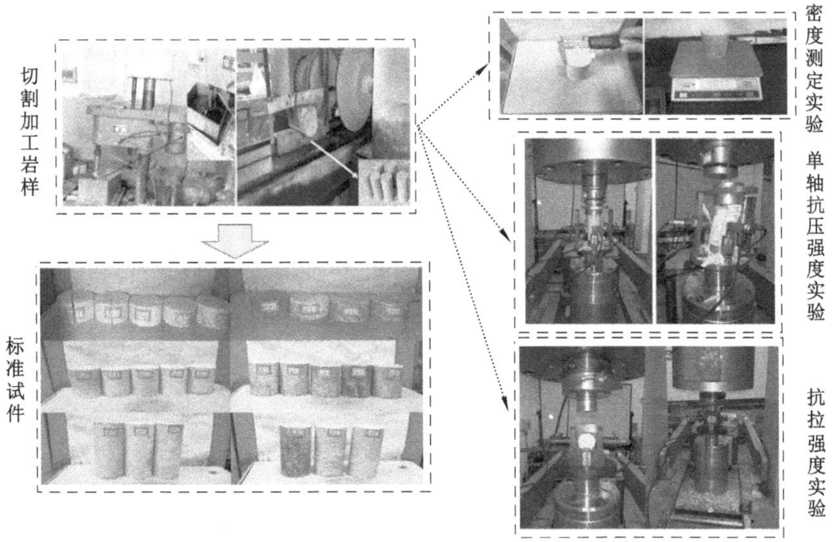

图 2-4　岩石力学实验实景

表 2-1　密度与抗拉强度测定结果

编号	岩性	直径/mm	长度/mm	密度/(kg/m³)	纵波波速/(m/s)	破坏载荷/kN	抗拉强度/MPa
FS-11		46.84	23.09	2 376.32	1.255	5.118	3.19
FS-21	粉砂质泥岩	47.01	23.51	2 464.13	1.224	5.139	2.96
FS-31		46.93	22.67	2 538.64	1.111	4.335	2.60
平均值		46.93	23.09	24 59.70	1.197	4.864	2.92
HB-11		46.86	23.04	2 492.75	1.252	11.106	6.55
HB-21	煌斑岩	46.86	23.09	2 474.79	1.297	6.688	3.94
HB-31		46.82	23.32	2 479.49	1.296	6.832	3.99
平均值		46.85	23.15	2 482.34	1.282	8.209	4.827
XS-11		49.52	24.10	2 531.37	1.305	6.44	3.435
XS-21	细砂岩	49.55	23.21	2 496.07	1.320	6.64	3.676
XS-31		49.43	22.04	2 464.02	1.323	6.62	3.869
XS-41		49.47	24.68	2 580.69	1.318	5.04	3.230
平均值		49.49	23.51	2 518.04	1.317	6.19	3.553

表 2-1(续)

编号	岩性	直径/mm	长度/mm	密度/(kg/m³)	纵波波速/(m/s)	破坏载荷/kN	抗拉强度/MPa
CS-11	粗粒砂岩	48.90	25.00	2 410.04	0.966	7.02	3.657
CS-21		50.17	23.32	2 385.18	0.993	5.34	2.904
CS-31		50.46	22.32	2 422.40	0.939	5.62	3.290
CS-41		49.26	25.12	2 548.01	1.111	5.22	3.173
平均值		49.70	23.94	2 441.41	1.002	5.80	3.256

表 2-2 单轴抗压强度测定结果

编号	岩性	直径/mm	长度/mm	纵波波速/(m/s)	破坏载荷/kN	单轴抗压强度/MPa
FS-12	粉砂质泥岩	24.70	50.60	2.074	17.034	35.57
FS-22		24.72	50.81	2.016	12.890	26.87
FS-32		24.80	50.57	2.073	21.008	44.94
平均值		24.74	50.66	2.054	16.977	35.79
HB-12	煌斑岩	24.19	50.65	2.010	58.223	126.75
HB-22		24.83	50.50	2.036	59.256	122.44
HB-32		24.92	50.77	2.115	54.031	119.81
平均值		24.65	50.64	2.054	57.170	123.00
XS-12	细砂岩	49.55	100.45	2.138	29.074	59.93
XS-22		49.43	100.49	2.214	20.553	42.64
XS-32		49.45	100.39	2.172	18.197	37.66
平均值		49.48	100.44	2.175	22.608	46.74
CS-12	粗粒砂岩	50.28	100.83	1.946	57.977	120.96
CS-22		50.68	100.02	2.003	57.350	120.14
CS-32		50.57	100.42	2.039	51.163	110.17
平均值		50.51	100.42	1.996	55.497	117.09

表 2-3 物理力学参数实测结果

岩性	密度 ρ_0/(g/cm³)	抗拉强度 σ_t/MPa	单轴抗压强度 σ_c/MPa	弹性模量 E/GPa	泊松比 μ
粉砂质泥岩	2 459.69	2.91	35.79	39.87	0.18

表 2-3(续)

岩性	密度 ρ_0/(g/cm³)	抗拉强度 σ_t/MPa	单轴抗压强度 σ_c/MPa	弹性模量 E/GPa	泊松比 μ
煌斑岩	2 482.34	4.827	123.00	93.28	0.27
细砂岩	2 518.03	3.552	46.74	68.76	0.16
粗粒砂岩	2 441.41	3.256	117.09	78.96	0.25

根据物理力学参数实验结果,结合相关工程岩体分级标准[86-87],对山2# 煤层的顶板进行分级。岩体分级需要计算岩体基本质量指标 BQ。

$$BQ = 90 + 3R_C + 250K_v \tag{2-1}$$

式中 BQ——岩体基本质量指标;

R_C——岩体单轴饱和抗压强度;

K_v——岩体完整性指数值。

根据实验所得数据,分别计算得出粉砂质泥岩、煌斑岩、细砂岩、粗粒砂岩的岩体基本质量指标为 349.87、621.5、392.72、603.77,基本质量级别分别为Ⅳ类、Ⅰ类、Ⅲ类、Ⅰ类,岩石基本质量特征分别为较坚硬岩(岩体较破碎)、坚硬岩(岩体完整)、较坚硬岩(岩体较完整)、坚硬岩(岩体完整),可见山 2# 煤层顶板属于较坚硬～坚硬顶板。

2.2 坚硬顶板切顶留巷工作面矿压显现特征

2.2.1 坚硬顶板切顶留巷工作面矿压监测方案

矿压监测是分析工作面上覆顶板运动规律的重要依据,对优化工作面矿压管理具有重要的指导意义。8201 工作面采用无煤柱开采矿压监测系统,其布置示意如图 2-5 所示。本次矿压监测包括:① 顶板压力与液压支架下缩量监测,即分别将监测仪在工作面上部、中部、下部安装于编号为 3#、11#、19#、27#、35#、43#、51#、59#、67#、75#、83#、91#、99#、107#、115# 的液压支架,收集液压支架受载数据,分析液压支架受载特征;② 安装矿用数字压力表,对液压支架压力表进行实时监测。在调度台终端调度分析监测数据，为分析工作面矿压显现特征奠定工作基础。

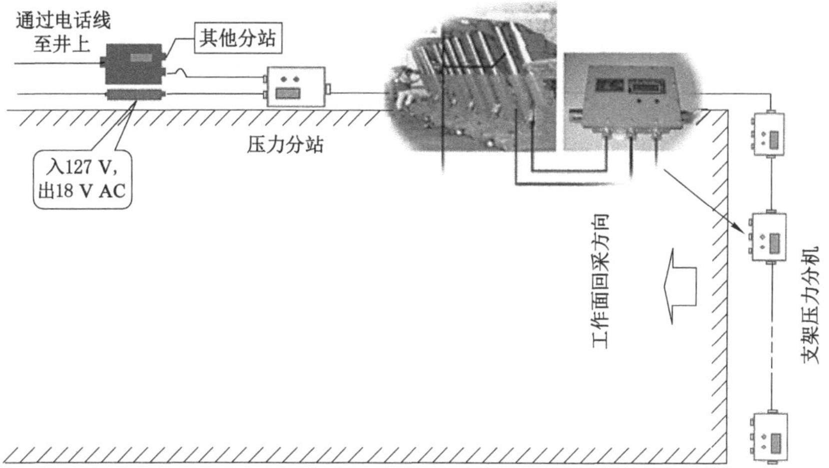

图 2-5 8201 工作面无煤柱开采矿压监测系统仪器布置示意图

2.2.2 坚硬顶板切顶留巷工作面矿压显现分析

通过矿压监测系统，统计分析了液压支架工作阻力最大值、循环末阻力监测数据，获得了液压支架最大工作阻力变化规律、循环末阻力变化规律。

2.2.2.1 液压支架工作阻力最大值变化规律

统计分析了 3#、11#、19#、27#、35#、43#、51#、59#、67#、75#、83#、91#、99#、107#、115# 液压支架工作阻力最大值，其中 3#、11#、19#、27#、35# 液压支架位于 8201 工作面回风平巷侧（未切顶侧），83#、91#、99#、107#、115# 液压支架位于 8201 工作面运输平巷侧（切顶侧）。由图 2-6 可知，未切顶侧的液压支架工作阻力最大值分布在 19～34.21 MPa 区间，多数工作阻力最大值大于 28 MPa，最大工作阻力达到 34.21 MPa，平均值为 25.7 MPa。切顶侧的液压支架工作阻力最大值分布在 18～27.4 MPa 区间，多数工作阻力最大值为 26 MPa，最大工作阻力为 27.4 MPa，平均值为 23.5 MPa。对于来压频次和工作阻力最大值变化，相比未切顶侧液压支架工作阻力最大值，切顶侧液压支架工作阻力最大值变化幅度更平缓，来压频次相对更频繁，来压间隔时间相对较短。这充分说明切顶有效切断了应力传递，充分释放了顶板内积聚的弹性能，有效降低了工作面液压支架载荷。

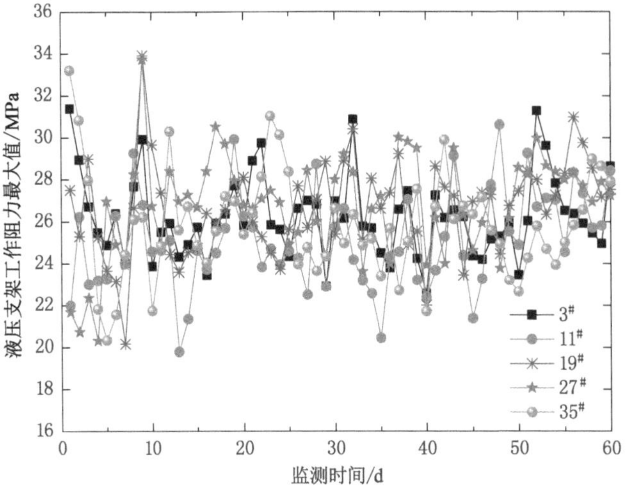

(a) 未切顶侧

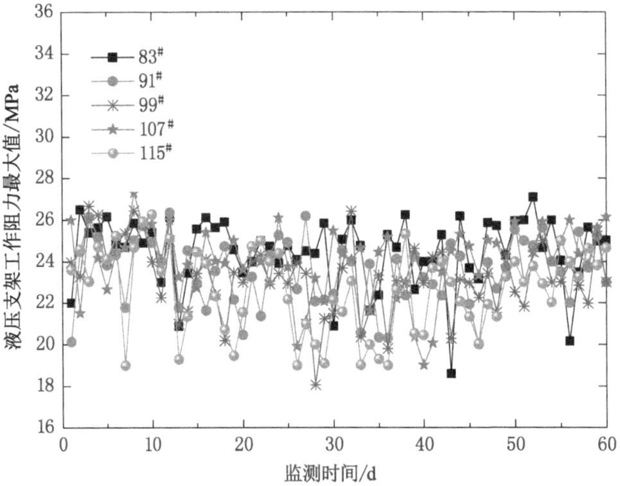

(b) 切顶侧

图 2-6　液压支架工作阻力最大值曲线

2.2.2.2　液压支架循环末阻力变化规律

工作面推进 180 m 范围内的液压支架循环末阻力分布如图 2-7 所示。未切顶侧和工作面中部的液压支架循环末阻力多数大于 28 MPa，顶板来压明显且来压步距较长。切顶侧的液压支架循环末阻力较小，多小于26 MPa。结果表明，切顶侧液压支架受载小于未切顶侧液压支架。与液压支架工作阻力最大值相比，其循环末阻力同样表明了工作面矿压显现具有不对称性特征，即切顶侧矿压显现较弱，而工作面中部和未切顶侧矿压显现较强。

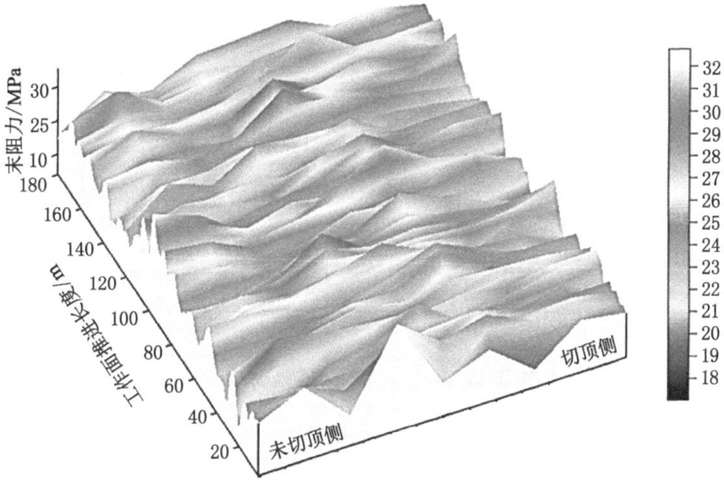

图 2-7 液压支架循环末阻力分布

根据工作面液压支架工作阻力最大值曲线、循环末阻力分布，结合顶板来压步距及动载系数分析(见表 2-4)，可知 8201 工作面矿压显现具有以下规律：

表 2-4 工作面顶板来压分析结果

分区	分站编号	工作阻力平均值/MPa	均方差/MPa	最大判据/MPa	周期来压步距/m				末阻力/MPa	
					第 1 次	第 2 次	第 3 次	第 4 次	非来压期间	来压期间
上部	1#	23.68	3.01	26.69	27	30	27	—	23.71	28.54
	2#	23.89	3.27	27.16	45	42	69	—	23.88	28.65
	3#	25.98	2.74	28.72	54	54	—	—	26.08	30.08
	4#	25.84	3.15	28.99	21	42	24	—	26.21	30.22
	5#	25.23	2.31	27.54	30	60	—	—	24.72	28.76

表 2-4(续)

分区	分站编号	工作阻力平均值/MPa	均方差/MPa	最大判据/MPa	周期来压步距/m				末阻力/MPa	
					第 1 次	第 2 次	第 3 次	第 4 次	非来压期间	来压期间
中部	6#	24.63	4.26	28.89	27	30	51	45	25.23	30.63
	7#	25.43	2.72	28.15	33	27	57	—	25.59	29.93
	8#	24.97	2.56	27.62	30	24	42	—	24.46	29.20
	9#	25.76	2.61	28.37	42	36	45	—	25.40	30.22
	10#	25.70	2.77	28.47	36	33	30	—	25.94	30.13
下部	11#	24.29	2.25	26.54	27	27	21	30	24.33	27.55
	12#	23.49	2.01	25.50	21	42	12	54	23.27	26.30
	13#	22.94	2.16	25.10	21	30	15	45	22.84	26.17
	14#	24.20	2.13	26.33	30	27	42	36	23.96	27.61
	15#	22.42	2.63	25.05	27	42	36	—	21.92	25.98

(1) 工作面矿压显现表现为工作面上部(未切顶侧)和中部来压明显且来压强度较大,工作面下部(切顶侧)来压强度较小。在工作面上部,基本顶周期来压步距平均值为 40.6 m;在工作面中部,基本顶周期来压步距平均值为 33.8 m;在工作面下部,基本顶周期来压步距平均值为 29.7 m。基本顶周期来压步距大小呈现工作面上部>工作面中部>工作面下部的特点。

(2) 来压强度呈现工作面中部最大,其次为工作面上部,工作面下部最小的特点。综上分析,切顶卸压无煤柱开采工作面矿压显现规律具有显著的不对称特征,即切顶侧矿压显现明显小于工作面中部和未切顶侧。究其原因,8201 工作面运输平巷为切顶留巷,切顶预裂爆破对工作面上方顶板进行了卸压,顶板在工作面来压前已形成了切顶卸压结构,因而切顶侧工作面矿压显现并不强烈。

2.3 坚硬顶板切顶留巷工作面巷道矿压显现特征

2.3.1 坚硬顶板切顶留巷工作面巷道矿压监测方案

为明晰石炭纪坚硬顶板切顶留巷工作面巷道矿压显现规律,以 8201 工作面区段运输平巷为研究背景，对巷道围岩变形、超前支承压力、顶板裂隙发育、锚杆（索）受力进行了现场监测。巷道矿压监测方案分述如下。

2.3.1.1　巷道围岩变形

至 8201 工作面区段运输平巷里程 620 m 处（即距工作面开切眼 618 m 处）起，往工作面推进方向共布置 4 个测站，测站间距为 50 m。巷道围岩变形监测站布置与监测工具如图 2-8 所示。测点布置和监测数据收集过程如下：① 分别在巷道顶板、底板安装铁钉，顶底板上的木钉安装在距切顶侧帮部 1.0 m 处和距未切顶侧帮部 2.0 m 处；② 监测过程中，顶底板使用激光测距仪、钢卷尺、测绳等进行监测；③ 研究人员和矿方专业技术人员共同完成监测数据的采集和统计分析工作，每 2 天监测 1 次。监测过程直至 8201 工作面推过测站。

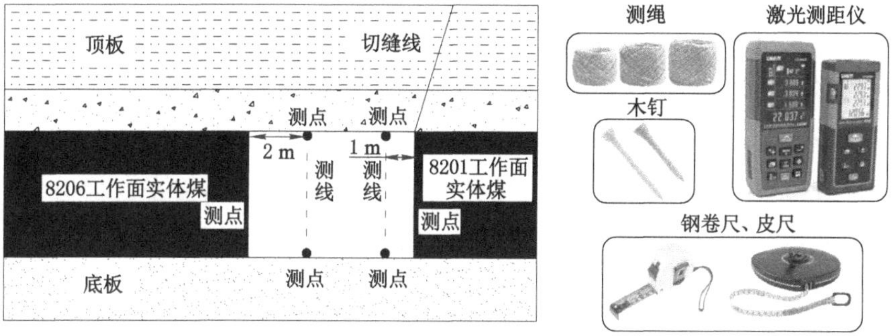

图 2-8　测站布置与监测工具

2.3.1.2　超前支承压力

本次监测采用 GYW 型围岩应力传感器，明确超前支承压力峰值位置和影响范围。至 8201 工作面区段运输平巷里程 800 m 处（即距工作面开切眼 798 m 处）起，往工作面推进方向布置 2 个测站，测站间距为 50 m。测点布置和监测数据收集过程如下：① 在巷道底板 1.0 m 处布置测点。每个测站布置 3 个测点，测点间距为 5 m，测点深度分别为 6 m、10 m、13 m，测点角度平行于巷道底板且垂直于实体煤侧；② 钻孔应力传感器采用直径为 42 mm 的水平钻孔探入安装。仪器安装过程中首先将钻孔打出，使用压水清洗，传感器受力面保持朝上，使用推杆缓慢将其推入测量位置；③ 利用在线监测系统共同完成数据采集与统计分析工作。超前支承压力测站布置如表 2-5 所列。

表 2-5 超前支承压力测站布置

测站	位置	钻孔编号	倾角/(°)	深度/m	距离底板高度/m	钻孔直径/mm
1# 测站	里程 800 m 处	1-1	0	6	1.0	42
		1-2	0	10	1.0	42
		1-3	0	13	1.0	42
2# 测站	里程 850 m 处	2-1	0	6	1.0	42
		2-2	0	10	1.0	42
		2-3	0	13	1.0	42

2.3.1.3 顶板裂隙发育

为掌握巷道顶板的裂隙离层发育情况，采用钻孔窥视仪进行观测。当 8206 工作面推进位置与 8201 工作面开切眼位置对齐时，在超前于 8206 工作面推进位置 25 m、37 m、45 m 处在 8201 工作面区段运输平巷(8206 工作面区段回风平巷)分别布置 3 个观测钻孔。其中 1# 观测钻孔超前于 8206 工作面推进位置 25 m，2# 观测钻孔超前于 8206 工作面推进位置 37 m，3# 观测钻孔超前于 8206 工作面推进位置 45 m。测点布置和监测数据收集过程如下：① 1# 观测钻孔距实体煤帮的距离为 2.0 m，2# 观测钻孔位于巷道顶板中轴线位置，3# 钻孔距切顶帮的距离为 1.0 m；② 1#、2#、3# 观测钻孔深度分别为 12 m、13 m、14 m，其中 1#、3# 观测钻孔角度分别向实体煤侧、切顶侧偏移 15°，钻孔直径为 42 mm，窥视钻孔完成后水洗完毕 24 h 内观测。窥视钻孔侧视图如图 2-9 所示。

2.3.1.4 锚杆(索)受力

为分析锚杆(索)在工作面回采期间的受载情况，分别安装锚杆(索)测力计、顶板离层仪进行监测，以期为巷道围岩支护提供理论依据。如图 2-10 所示，监测方案如下：① 分别在 8201 工作面区段运输平巷里程 510 m、560 m、620 m 处(即距工作面开切眼 518 m、568 m、618 m 处)布置 1 个测

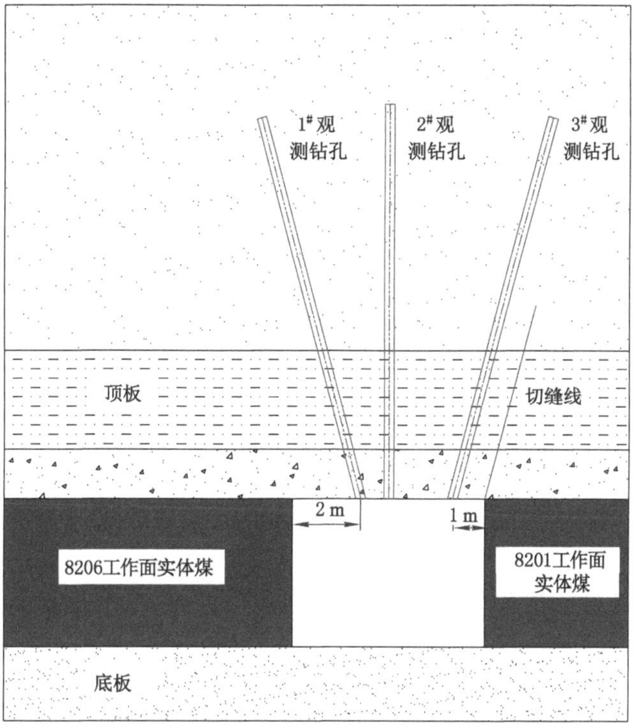

图 2-9 窥视钻孔侧视图

站，共布置 3 个测站。每个测站布置 1 个锚索测力计、1 个锚杆测力计和 1 个顶板离层仪，沿工作面推进方向，依次为顶板离层仪、锚索测力计、锚杆测力计，测点间距为 5 m。② 顶板离层仪：钻孔长度为 8.5 m，深基点 8 m，浅基点 3 m，钻孔直径为 32 mm。锚索测力计：钻孔长度为 7.5 m，钻孔直径为 28 mm。锚杆测力计：钻孔长度为 2.5 m，钻孔直径为 28 mm。本次顶板离层监测采用 GUW240W 型矿用本安型移动传感器，锚杆(索)受力监测采用 GMY30W 型矿用本安型锚杆(索)应力传感器。③ 研究人员与矿方专业技术人员采用红外线监测采集仪每 7 天采集 1 次数据，共同完成数据分析工作。

2.3.2 坚硬顶板切顶留巷巷道矿压显现分析

通过实施坚硬顶板切顶留巷工作面巷道矿压显现监测方案，获得了巷道围岩变形、超前支承压力分布、顶板裂隙发育、锚杆(索)受力、顶板离层等

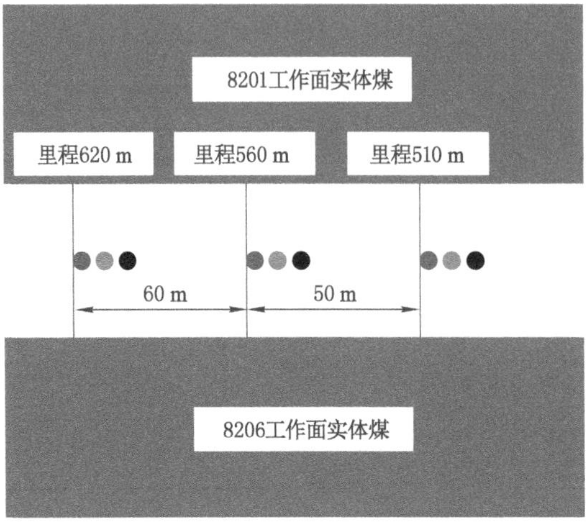

图 2-10　锚杆(索)测力计与顶板离层仪监测布置示意图

观测数据。经过数据分析,巷道矿压显现规律总结如下。

2.3.2.1　巷道围岩变形

巷道顶底板移近量监测曲线如图 2-11 所示,由图可知:1# 测站的实体煤侧顶板、顶板中部、切顶侧顶板的移近量分别为 162 mm、420 mm、460 mm;2# 测站的实体煤侧顶板、顶板中部、切顶侧顶板的移近量分别为 660 mm、805 mm、950 mm;3# 测站的实体煤侧顶板、顶板中部、切顶侧顶板的移近量分别为 400 mm、595 mm、760 mm;4# 测站的实体煤侧顶板、顶板中部、切顶侧顶板的移近量分别为 335 mm、460 mm、560 mm。总结得出以下规律:① 切顶侧顶板移近量＞顶板中部移近量＞实体煤侧顶板移近量,巷道顶底板移近量以巷道中轴线为基准,呈现显著的不对称特征。切顶侧顶板移近量最大,这是由于切顶作用使得顶板结构形成切顶短臂梁结构。由于切顶短臂梁结构回转下沉,间接导致切缝侧顶底板移近量较大。② 从监测时间来看,巷道掘进初期,特别是监测 15 d 内,顶底板移近量呈逐步持续增长态势。1#、2#、3#、4# 测站的巷道顶底板移近量迅速增长期分别为17 d、19 d、32 d、22 d。顶底板移近量具有初期阶段快速持续增加、中后期趋于稳定的特点。

2.3.2.2　超前支承压力分布

超前支承压力分布实测曲线如图 2-12 所示,如图可知:随着工作面推进

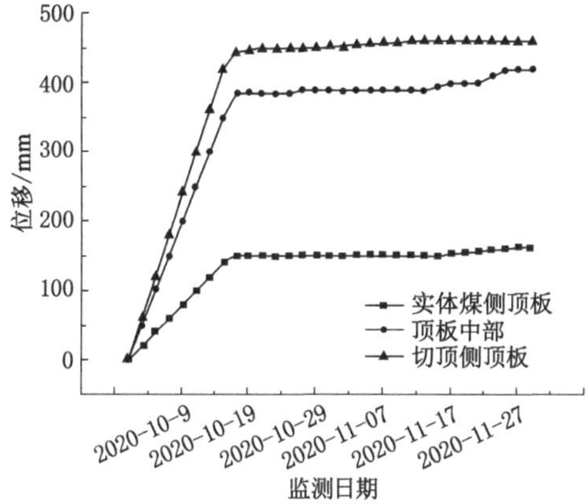

(a) 1#测站

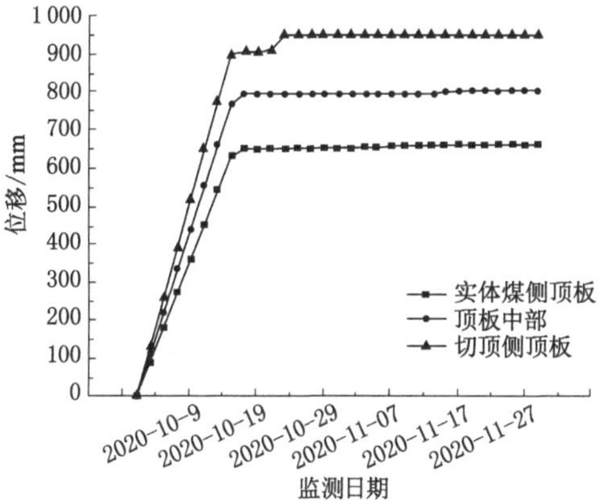

(b) 2#测站

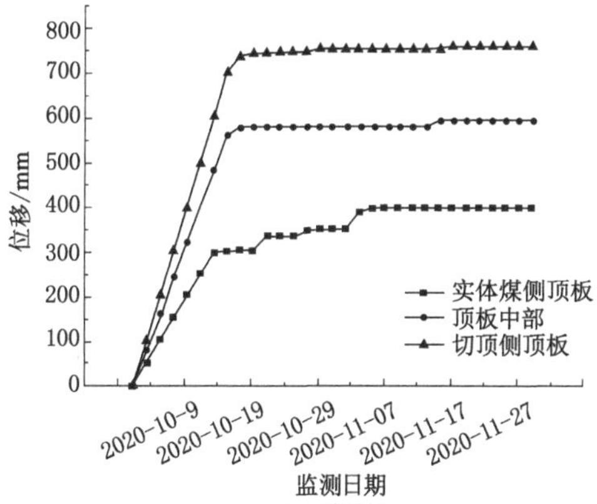

(c) 3#测站

图 2-11 顶底板移近量监测曲线

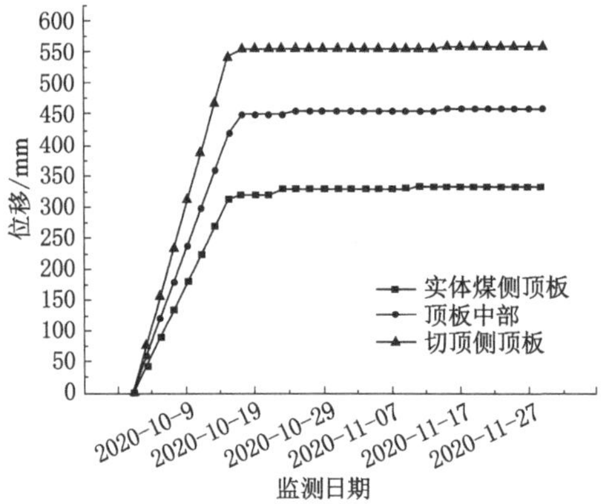

(d) 4#测站

图 2-11(续)

位置不断靠近测站，1# 和 2# 测站中 6 m 钻孔的实测曲线缓慢增加，超前支承压力变化并不明显，压力值分别保持在 14 MPa、12 MPa 左右。直至工作面推进位置距离钻孔约 25 m 时，超前支承压力突然下降。当工作面推进位置距测站约 37 m 时，压力开始快速上升，此时压力值增加至约 26.3 MPa。13 m 钻孔的实测曲线变化介于 6 m 钻孔和 10 m 钻孔之间，变化趋势与10 m 钻孔基本相同。通过分析可知，超前支承压力影响范围在 0～50 m 之间，峰值影响范围位于工作面前方约 37 m 处，为确定巷道超前支护长度提供了理论依据。

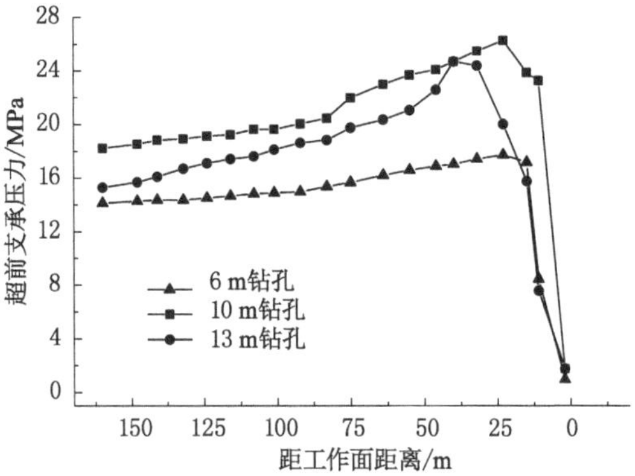

(a) 1#测站

图 2-12　超前支承压力分布实测曲线

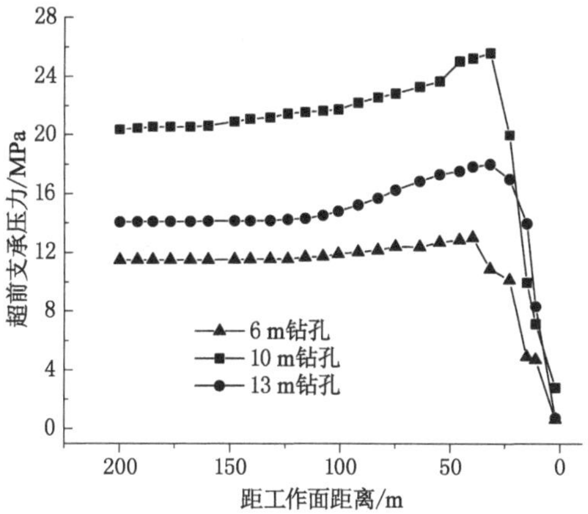

(b) 2#测站

图 2-12(续)

2.3.2.3　顶板裂隙发育

为探明 8201 工作面区段运输平巷(8206 工作面区段回风平巷)在二次复用期间的顶板裂隙发育情况,定量判断巷道顶板稳定性,依据钻孔窥视方案对巷道顶板裂隙发育情况进行了观测。通过分析钻孔窥视观测结果,二次复用期间的顶板裂隙发育形式主要为纵向裂隙、横向裂隙以及环向破碎带、离层,如图 2-13 所示。

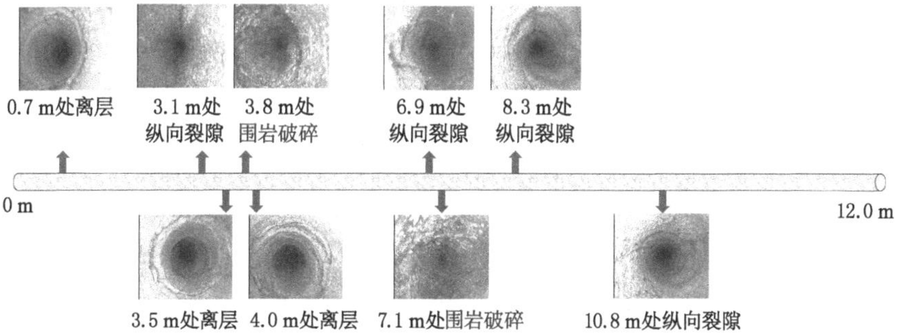

(a) 1#钻孔

图 2-13　观测钻孔窥视效果分析结果

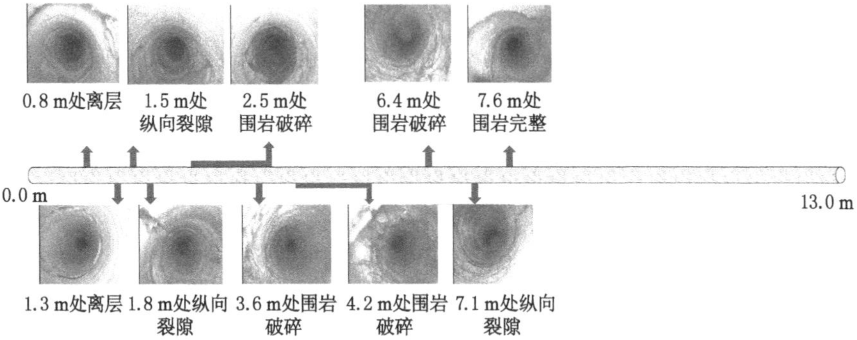

(b) 2[#]钻孔

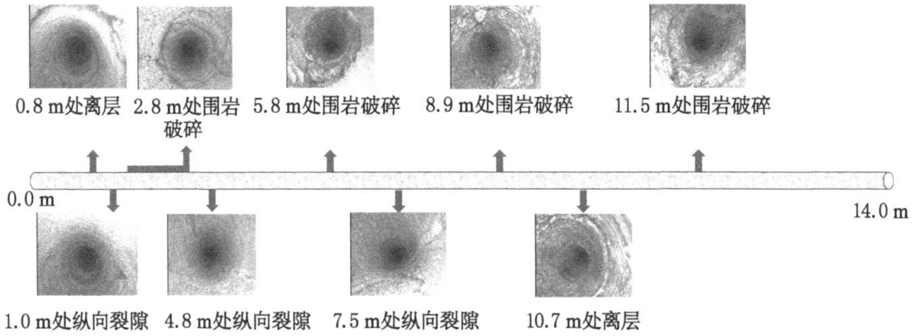

(c) 3[#]钻孔

图 2-13(续)

(1) 1[#] 观测钻孔：通过对 1[#] 观测钻孔进行窥视，发现顶板以上 0.1 m、0.3 m、0.7 m、0.9 m、1.0 m、2.0 m、2.5 m 处离层明显，2.7 m、3.1 m 处纵向裂隙发育，3.5 m 处离层明显，3.8 处出现围岩破碎，3.8～6.9 m 范围内围岩较为完整，6.9 m 处纵向裂隙发育，7.1 m 处围岩破碎，7.5 m、8.0 m、8.3 m、9.0 m、10.8 m 纵向裂隙发育。整体来看，围岩以浅部离层为主，发育范围为 3.8 m 以下；6.9 m 以上多发育纵向裂隙。

2[#] 观测钻孔：通过窥视 2[#] 观测钻孔，发现顶板以上 0.4 m、0.8 m、1.3 m 处离层明显，1.5 m、1.8 m 处纵向裂隙发育，2.5 m、3.6 m、4.2 m 处围岩破碎，5.2～5.9 m 处发育有纵向裂隙和离层，6.4 m 处围岩破碎，7.1 m 处纵向裂隙发育，7.6 m 以上围岩较完整。

3[#] 观测钻孔：通过窥视 3[#] 观测钻孔，发现顶板以上 0.8 m、10.7 m 处离层明显，1.0 m、4.8 m、7.5 m 处纵向裂隙发育，2.8 m、5.8 m、8.9 m、11.5 m 处围岩破碎。

(2) 通过分析 3 个观测钻孔的窥视图像，发现目前顶板浅部破坏形式以离层、纵向裂隙和围岩破碎为主，顶板深部以纵向裂隙为主，部分钻孔存在围岩破碎。

2.3.2.4 顶板离层

为明晰锚杆(索)受力与顶板离层情况，在 8201 工作面区段运输平巷(8206 工作面区段回风平巷)二次复用期间，安装了锚杆(索)测力计、顶板离层仪，用于收集监测数据便于分析，评价原始支护方案的适应性(见图 2-14)。分析如下：

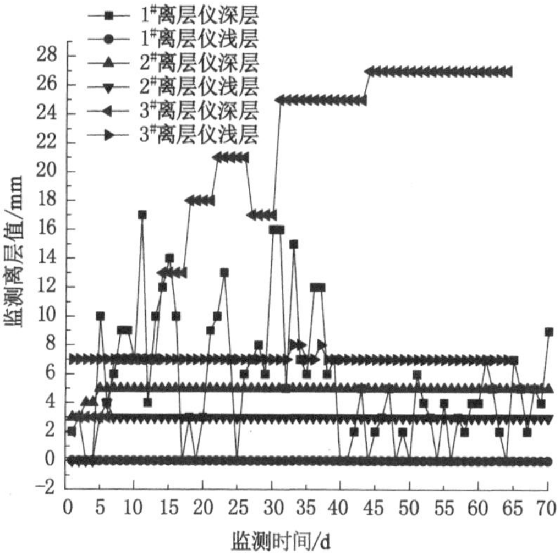

图 2-14 顶板离层监测曲线

1# 顶板离层仪监测得到的深部离层曲线具有跳跃式特点，最大值为 17 mm，最后趋于稳定值 9 mm。浅部没有发生离层，顶板浅部相对完整。这说明 8201 工作面区段运输平巷(8206 工作面区段回风平巷)在二次复用阶段，受 8206 工作面二次采掘扰动影响，顶板活动处于活跃阶段。2# 顶板离层仪监测得到的深部离层最大值为 5 mm，浅部离层最大值为 3 mm。3# 顶板离层仪监测得到的深部离层值由最初的 3 mm 逐步增大至 27 mm，呈现不断增长的特点，说明此处顶板在 8206 工作面二次采掘扰动影响下，深部离层不断增加，影响了顶板稳定性。浅部离层稳定值为 7 mm。通过上述分析，可知：顶板深部离层值在 2～27 mm 之间，最大值为 27 mm；浅部离层值在 0～8 mm 之间，最大值为 8 mm。总体来看，8201 工作面区段运输平巷(8206 工作面区段回风平巷)在二次复用阶段，8206 工作面采掘扰动一定程度上影响了顶板的稳定性。

2.3.2.5　锚杆(索)受载

(1) 锚索受载情况[图 2-15(a)]：通过对 8201 工作面区段运输平巷(8206 工作面区段回风平巷)的锚索受力进行实时监测，得出 1#、2#、3# 锚索受力计监测得到的锚索受力值。其中 1# 锚索和 2# 锚索的受力监测曲线变化较为平稳，呈缓慢增长趋势。1# 锚索和 2# 锚索的受力稳定值分别为 19 kN 和 49 kN。3# 锚索受载监测曲线变化分为两个阶段：第一阶段为缓慢增长阶段(0～39 d)，第二阶段为快速增长阶段(40～64 d)。3# 锚索的受力最终值为 98 kN。

根据有关国家标准[88-89]，衡量锚索支护好坏的指标主要有预应力、设计承载力、锚索最大抗拔力，这些关键性指标对锚索加固围岩效果起着至关重要的作用。依据有关矿用锚索标准：钢绞线直径为 17.8 mm 时的锚索设计承载能力为 320 kN；钢绞线直径为 17.8 mm 时的锚索设计破断力为 355 kN。8201 工作面区段运输平巷(8206 工作面区段回风平巷)支护使用的锚索规格型号为 ϕ17.8 mm×9 300 mm，破断力为 355 kN。监测得到的锚索受力值为 98 kN，说明锚索在当前采掘环境下并未破断。

(2) 锚杆受载情况[图 2-15(b)]：通过分析锚杆受载监测数据，1# 锚杆测力计监测得到的锚杆受力值为 15 kN，2# 锚杆测力计监测得到的锚杆测力值为 13 kN，3# 锚杆测力计监测得到的锚杆受力值为 60 kN。根据经验取值，一般选取锚杆破断力的 60%～70%作为锚杆破断的预警值，如果锚杆受载高于破断力，则锚杆将在达到材料屈服强度后发生破断。

8201 工作面区段运输平巷(8206 工作面区段回风平巷)支护使用规格型号为 ϕ22 mm×2 500 mm 的锚杆。根据国家标准，锚杆破断力取值一般为设计锚固力的 60%～70%，因此取值为 48～56 kN。通过分析可知，1#、2# 锚杆受载均小于破断力，锚杆仍能起到良好的支护作用。而 3# 锚杆的受

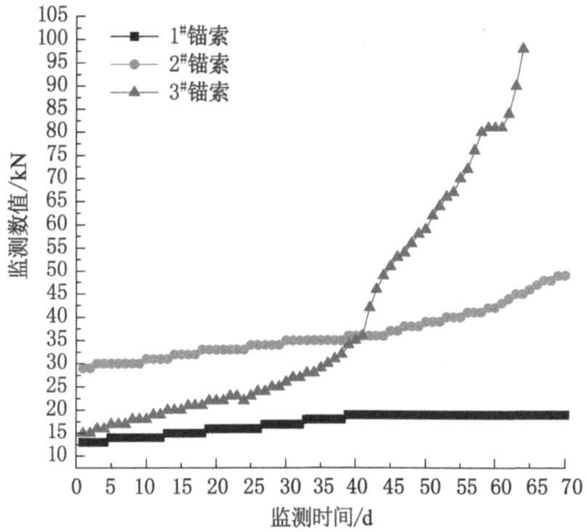

(a) 锚索受载监测曲线

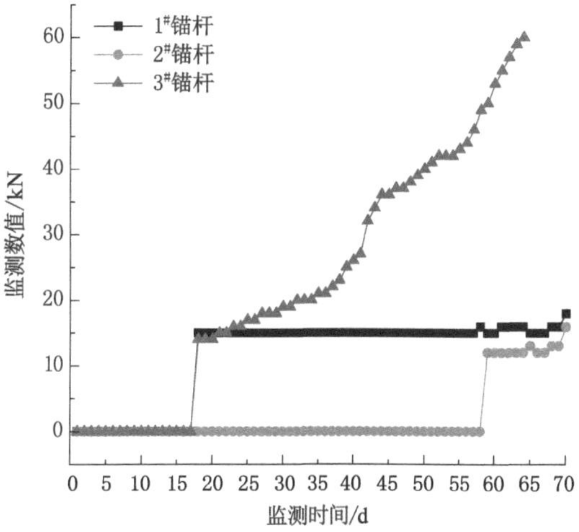

(b) 锚杆受载监测曲线

图 2-15　锚杆(索)受力监测曲线

力值达到了 60 kN,说明 3# 锚杆支护性能显著降低。由此可知 8206 工作面采掘扰动对锚杆影响较大。

2.4　坚硬顶板切顶留巷围岩破坏实地调研

通过对坚硬顶板切顶留巷工作面与巷道的矿压显现进行实测,掌握了坚硬顶板切顶留巷矿压显现规律。由矿压实测及岩石力学实验可知，8201 工作面和 8206 工作面的多次采掘扰动，不同程度加剧了切顶留巷维护难度，促使切顶留巷矿压显现“双不对称”特性（即工作面矿压显现不对称性、巷道围岩变形不对称性）。通过对 8201 工作面区段运输平巷（8206 工作面区段回风平巷）进行实地调研，分析如下。

2.4.1 切顶留巷超前支护段矿压显现情况

受超前支承压力及二次采掘扰动的综合影响，8201 工作面区段运输平巷（8206 工作面区段回风平巷）超前支护段出现了不同程度的顶板下沉、支护结构损毁、巷道底鼓等现象（见图 2-16）。研究人员在 2020 年 8 月 11 日至 20 日期间对 8201 工作面切顶留巷进行了现场勘察。详细情况分析如下。

(a) 巷道顶板破坏

(b) 巷道底鼓

图 2-16　超前支护段围岩破坏实景

2.4.1.1 围岩破坏较严重

8201工作面区段运输平巷(8206工作面区段回风平巷)超前支护段43 m范围内的围岩变形具有非对称破坏特征,即靠近切顶侧和实体煤侧的顶板下沉量分别约为1.0 m和0.58 m,底板鼓起量分别为0.28 m和0.05 m。由此可见,与靠近实体煤侧相比,靠近切顶侧的顶底板移近量更大。

2.4.1.2 支护结构损毁严重

支护结构损毁具体表现为:钢带断裂弯折[图2-17(a)]、锚杆(索)脱落失效[图2-17(b)]、顶板出现明显断裂线、U29型钢弯折[图2-17(c)]。部分钢带断裂弯折,失去了实质护顶作用;部分锚杆(索)丧失了锚固悬吊作用;部分U29型钢断裂弯折失去了挡矸作用。

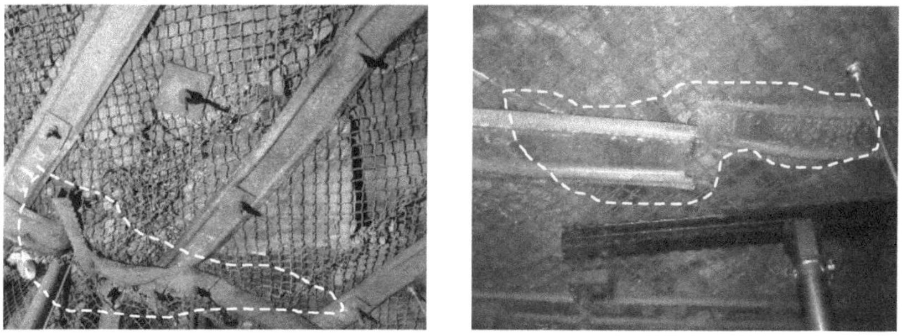

(a) 钢带断裂弯折

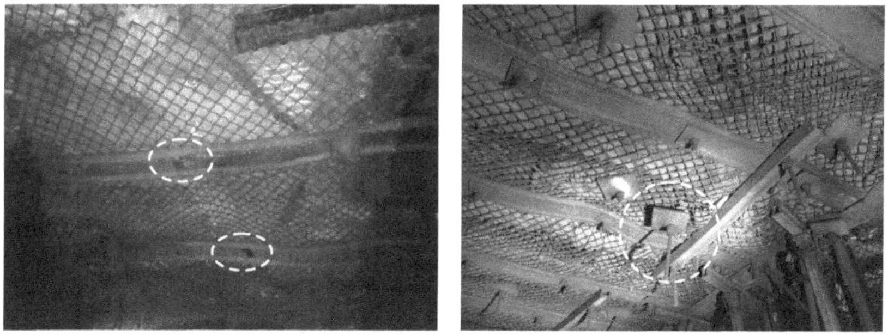

(b) 锚杆(索)脱落失效

图2-17 超前支护段支护结构破坏实景

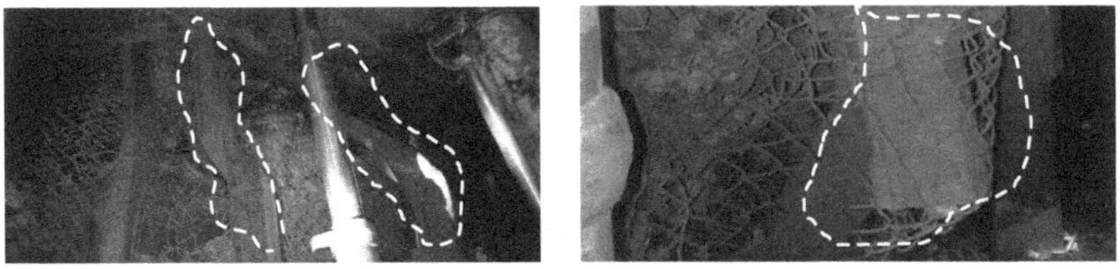

(c) U29型断裂钢弯折

图 2-17(续)

2.4.2 切顶留巷工作面采空区内悬顶情况(见图 2-18)

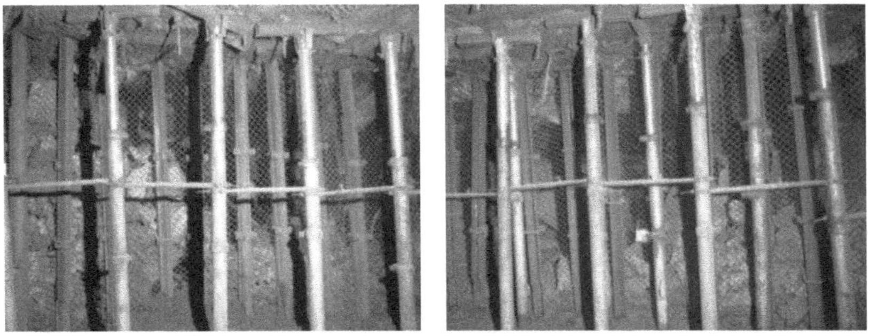

图 2-18 采空区内坚硬顶板悬顶实景

通过分析原始切顶预裂爆破工艺的坚硬顶板切顶情况,对 8201 工作面区段运输平巷(8206 工作面区段回风平巷)沿工作面走向 0～700 m 的悬顶位置、悬顶面积进行了现场勘测,见表 2-6。悬顶长度最大为 25 m,悬顶进深(悬顶在碎石帮一侧到悬顶在采空区另一侧的长度)最大值为 10 m,悬顶面积最大可达 250 m^2。

表 2-6 8201 工作面采空区内坚硬顶板悬顶统计

序号	距开切眼距离/m	距离段/m	悬顶长度/m	悬顶进深/m	悬顶面积/m^2
1	129	135～123	12	6	72
2	178	180～177	3	3	9
3	199	203～195	8	3	24

表 2-6(续)

序号	距开切眼距离/m	距离段/m	悬顶长度/m	悬顶进深/m	悬顶面积/m^2
4	222	225～219	7	3	21
5	251	259～237	22	2.5	55
6	290	298～285	14	2～4	28～64
7	300	321～311	10	4～5	40～50
8	330	339～321	18	8	144
9	415	428～403	25	10	250
10	443	447～439	8	5～6	40～48
11	454	458～450	8	5～6	40～48
12	465	473～463	10	2～3	20～30
13	495	498～489	9	3	27
14	510	517～509	8	3～4	24～32
15	540	548～538	10	3	30
16	667	674～661	13	5～6	65～78

2.4.3 切顶留巷预裂爆破情况

8201 工作面区段巷道切顶预裂爆破原始参数为：切顶角度为 15°，切顶长度为 8.1 m，切顶孔间距为 0.5 m，其他见表 2-7。采用双向聚能管，聚能管外径为42 mm，内径为 36.5 mm，长度为 1 500 mm。采用煤矿许用三级乳化炸药，每卷炸药的规格为 ϕ35 mm×300 mm。采用瞬发电雷管，水炮泥封孔，装炮泥的炮袋为 ϕ38 mm×500 mm 塑料或纸质炮袋。通过调研切顶预裂爆破现状，发现切顶预裂爆破效果并不充分，存在预裂爆破未成缝[图 2-19(a)]、预裂爆破未破岩[图 2-19(b)]、炸帮冲孔严重等现象。

表 2-7 8201 工作面切顶预裂爆破原始参数

炮孔间距/mm	爆破方式	聚能管/m	装药量/卷	封泥长度/m
500	多孔连续爆破	1.5+1.5+1.5+1.5	2+2+2+1	2.1
500	多孔连续爆破	1.5+1.5+1.5+1.5	3+3+3+3	2.9
500	多孔连续爆破	1.5+1.5+1.5+1.5+1.5	3+3+3+3+3	2.8

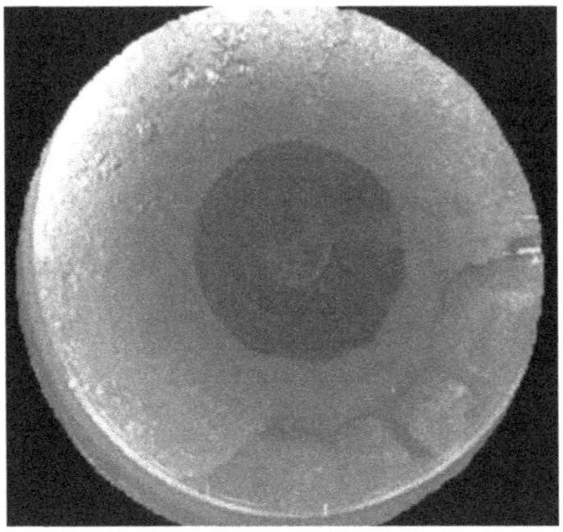

(a) 预裂爆破未成缝

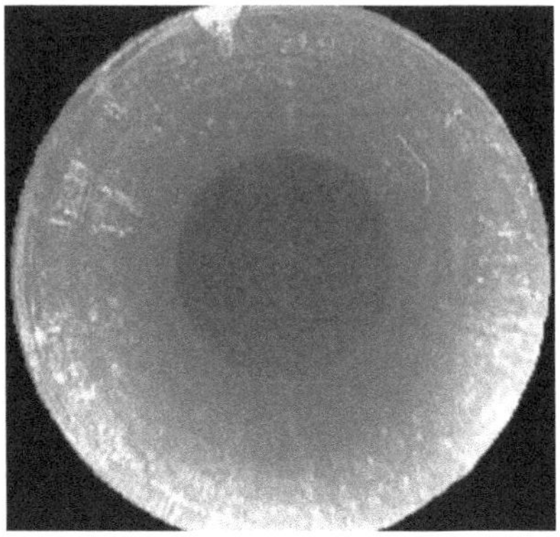

(b) 预裂爆破未破岩

图 2-19　原始切顶预裂爆破效果

2.5　本章小结

(1) 岩石力学实验结果表明,粉砂质泥岩、煌斑岩、细砂岩、粗粒砂岩的岩体基本质量指标分别为 349.87、621.5、392.72、603.77,基本质量级别分别为Ⅳ类、Ⅰ类、Ⅲ类、Ⅰ类,山 $2^{\#}$ 煤层顶板属于较坚硬～坚硬顶板。

(2) 8201 工作面矿压显现和巷道矿压显现具有“双不对称”特征,具体表现为:工作面上部(未切顶侧)和中部来压明显且来压强度较大,工作面下部(切顶侧)来压强度较小,来压强度为工作面中部＞工作面未切顶侧＞工作面切顶侧。靠近实体煤侧的顶板下沉量小,而靠近切顶侧和顶板中部的顶板下沉量大,顶板下沉量为巷道切顶侧＞巷道顶板中部＞巷道实体煤侧。

(3) 8201 工作面区段运输巷(8206 工作面区段回风平巷)超前支护段顶板浅部破坏形式以离层、纵向裂隙和围岩破碎为主,顶板深部以纵向裂隙为主,存在部分围岩破碎。超前支承压力峰值影响范围位于工作面前方约 37 m 处。矿压显现表现形式为钢带断裂弯折、锚杆(索)脱落失效、顶板出现明显断裂线、U29 型钢断裂弯折等。

3　坚硬顶板切顶留巷围岩破坏态势演化规律

本章运用物理相似模拟实验与数值模拟相结合的手段，首先物理相似模拟了坚硬顶板巷道切顶时的覆岩破断规律；其次采用数值模拟手段，以偏应力第二不变量和偏应力第三不变量为评价指标，探究了坚硬顶板切顶一次成巷阶段与二次复用阶段的巷道围岩破坏演化规律，为坚硬顶板切顶留巷围岩控制提供了理论依据。

3.1　坚硬顶板切顶留巷围岩态势物理相似模拟实验

物理相似模拟实验能够直观反映覆岩垮落失稳过程[90-91]。本节通过物理相似模拟实验，研究切顶时的覆岩破断失稳规律，分析切顶时的覆岩垮落形态与围岩变形特征，以期为切顶留巷围岩控制提供理论依据。

3.1.1　物理相似模拟实验方案

3.1.1.1　物理相似模型构建

物理相似模拟实验以大斗沟煤矿 8201 工作面为研究背景，采用平面应力模拟实验台进行实验。根据山 2# 煤层综合柱状图，对照岩层的相应层位与岩性，从下往上搭建模型。在切顶位置处预先放置薄铁片，待开挖时，将薄铁片拔出，进而形成切缝。如图 3-1 所示，模型尺寸（长×宽×高）为 240 cm×16 cm×55 cm，模型实验几何相似比为 100，容重相似比为 1.5，应力相似比为 150。

几何相似比为：

$$C_J = L_O / L_M = 100 \tag{3-1}$$

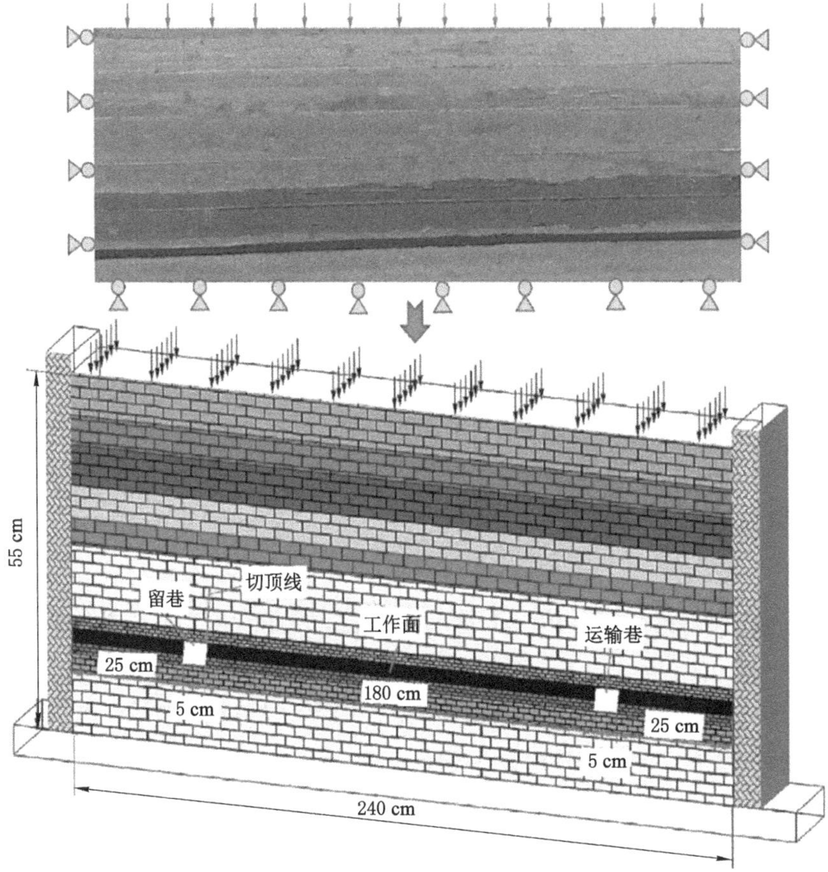

图 3-1　物理相似模拟实验模型

容重相似比为：

$$C_\gamma = \gamma_O / \gamma_M = 1.5 \tag{3-2}$$

故而应力相似比为：

$$C_\sigma = C_J C_\gamma = 150 \tag{3-3}$$

其中，L_O 为原型几何参数，γ_M 为模型容重参数，L_M 为模型几何参数，γ_O 为原型容重参数。巷道高×宽为 5 cm×3.6 cm，工作面长度为 180 cm，回采巷道宽度各 5 cm，边界煤柱尺寸为 25 cm。岩层厚度及质量配比见表 3-1。根据原岩应力大小，对模型上表面进行应力加载，计算得出模型表面需要施加的竖直方向荷载为 21.24 kN。在实验时，先开挖运输巷，再开挖回风巷，然后进行工作面正常开挖。为观测开挖过程中巷道围岩的应力变化情况，在铺设模型时埋设应变片，对开挖过程中的应力进行动态监测。

表 3-1　物理相似模拟材料参数

岩性	厚度/cm	质量配比(沙子：水泥：石膏)
砂质泥岩	7.0	16：1：1
泥质粉砂岩	5.0	14：1：1
粗砂岩	6.6	16：1：1
泥岩	5.4	16：1：1
细砂岩	4.6	14：1：1
中粗砂岩	13.6	12：1：1
砂质泥岩	2.0	16：1：1
细砂岩	0.87	14：1：1
泥岩	5.8	14：1：1
中粗砂岩	4.0	12：1：1

3.1.1.2　模型构建与监测点布置

为分析巷道上覆岩层变形规律，沿铅垂方向在巷道上覆岩层不同层位分别布设位移监测线，测线 1 距巷道顶板 1 cm(巷道上方 1.0 m，直接顶)，测线 2 距巷道顶板 6 cm(巷道上方 6 m)，测线 3 距巷道顶板 11 cm(巷道上方 11 m)，测线 4 距巷道顶板 16 cm(巷道上方 16 m，基本顶)，测线 5 距巷道顶板 25 cm(巷道上方 25 m)。通过分析位移监测数据，探究巷道上方顶板不同层位在工作面开采时的覆岩运动特征。

3.1.2　坚硬顶板切顶留巷覆岩运动特征分析

3.1.2.1　切顶时覆岩运动过程

巷道开挖后，靠切顶侧进行预裂切缝。从靠近切顶侧帮部开始模拟开挖山 2$^{\#}$ 煤层，当工作面回采 5.7 m 时，直接顶还未完全垮落失稳，工作面范围内的顶底板有互相移近的趋势，见图 3-2(b)；当工作面回采 10.8 m 时，靠近切缝的部分直接顶发生初次破断，垮落至采空区，直接顶与基本顶发育有较大离层，远离切顶侧的直接顶呈悬顶状态，见图 3-2(c)；当工作面回采 15.3 m 时，直接顶再次垮落失稳，其中工作面顶板在煤壁支撑下形成回转失稳结构，与煤壁侧直接顶铰接，直接顶与基本顶之间的离层继续增大，见图 3-2(d)；当工作面回采 21 m 时，切顶缝范围内的直接顶继续垮落并在采空区内压实，直接顶与基本顶之间的离层持续增大，靠近切顶侧顶板发生下沉，巷道顶板呈现“不对称”变形，见图 3-2(e)。

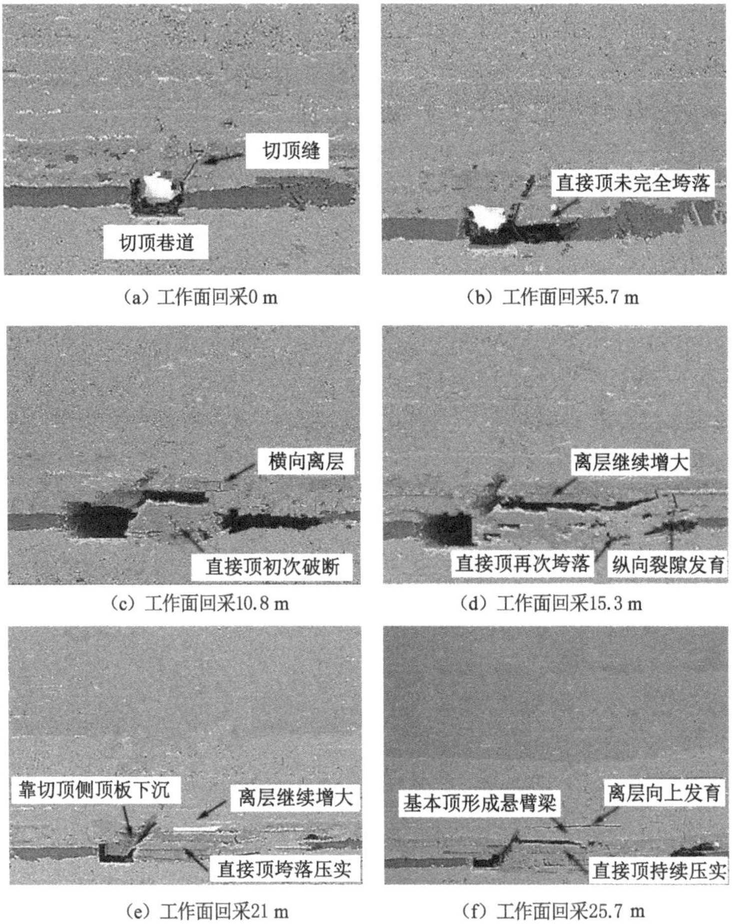

(a) 工作面回采0 m　(b) 工作面回采5.7 m
(c) 工作面回采10.8 m　(d) 工作面回采15.3 m
(e) 工作面回采21 m　(f) 工作面回采25.7 m

图 3-2　切顶时覆岩运动过程

(g) 工作面回采34.6 m

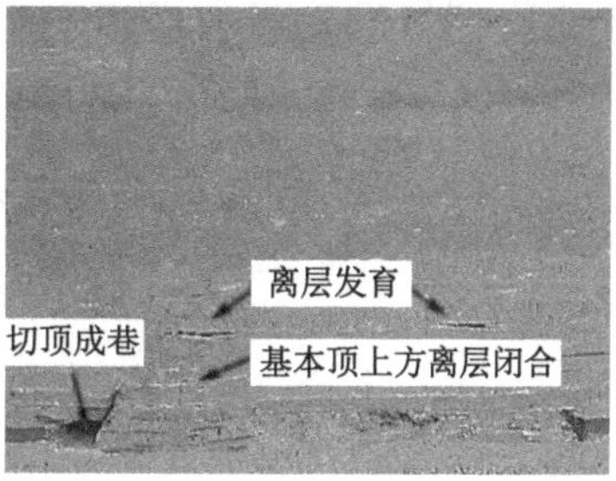

(h) 工作面回采40.5 m

图 3-2(续)

随着工作面继续回采，离层持续向上位岩层发育，直接顶垮落在采空区内持续压实，基本顶形成悬臂梁，见图 3-2(f)；当工作面回采 34.6 m 时，基本顶发生初次破断，以载荷形式作用在已经垮落的直接顶上，此时巷道靠近切顶侧形成碎石帮，形成切顶成巷，见图 3-2(g)；当工作面回采 40.5 m 时，离层继续向上位岩层发育，切顶巷道基本保持稳定，见图 3-2(h)。

3.1.2.2 切顶时覆岩变形特征

为明晰切顶巷道覆岩变形特征，采集了顶板上方 1 m、6 m、11 m、16 m、25 m 的顶板下沉监测数据。当工作面回采 5.7 m 时，顶板上方 1 m 和 6 m 范围内的下沉量分别为 1 cm、1.5 cm，此时受采掘扰动影响较小，见图 3-3(a)；当工作面回采 10.8 m 时，切顶侧直接顶初次破断，顶板上方 1 m 处的直接顶下沉量突然增大至 3 cm，巷道上方 6 m 处的顶板下沉量增大至 0.7 cm，此时巷道上方 11 m 处的岩层开始变形，下沉量为 0.5 cm，见图 3-3(b)；随着工作面继续回采 15.3 m 时，直接顶再次垮落导致顶板下沉范围增大，巷道上方 6 m 和 11 m 处的顶板下沉量分别增大至 1.0 cm 和 0.7 cm，巷道上方 16 m 处(即基本顶层位)开始下沉，见图 3-3(c)；当工作面回采 21 m 时，采空区内矸石逐渐被压实，巷道上方 1 m 处的顶板下沉量继续增大至 5 cm，采空区上方 6 m 和 11 m 处的岩层下沉显著，巷道上方 16 m 处的岩层下沉量增大至 0.3 cm，见图 3-3(d)；当工作面回采 25.7 m 时，离层持续向上发育，基本顶形成悬臂梁结构，开始回转下沉，巷道上方 11 m 处顶板下沉量增大至2.7 cm，见图 3-3(e)；当工作面回采 40.5 m 时，距煤壁 20 m 处的巷道上方 11 m 和 16 m

处的岩层下沉强烈，下沉量分别增大至 6.6 cm 和 5.1 cm，工作面后方 5 m 范围内巷道上方 6～16 m 的岩层下沉趋于稳定，此时切顶留巷围岩基本稳定。

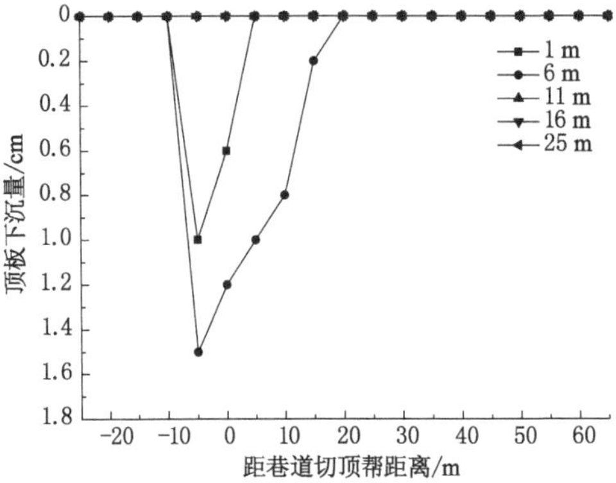

(a) 工作面回采5.7 m

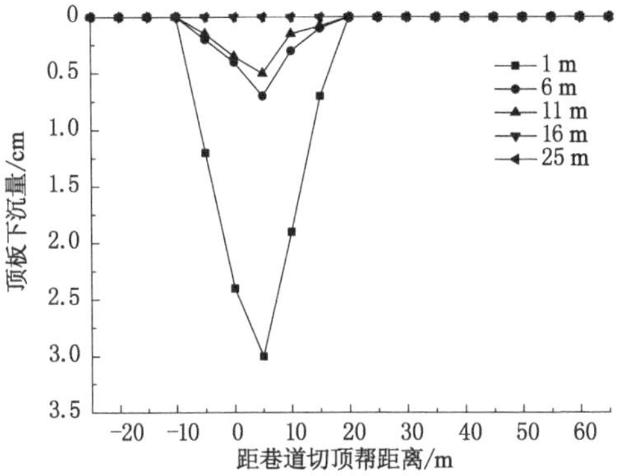

(b) 工作面回采10.8 m

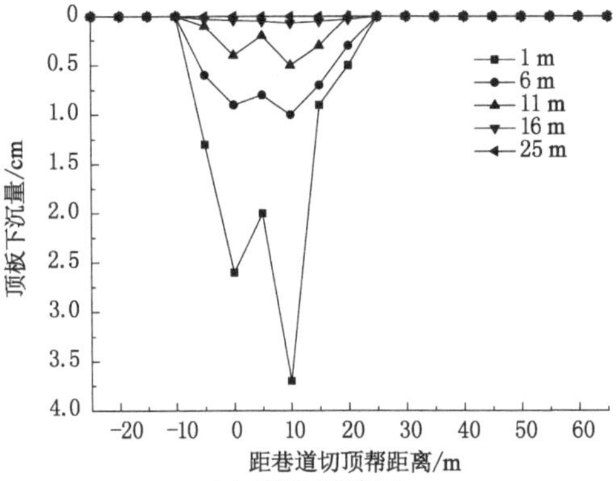

(c) 工作面回采15.3 m

图 3-3　切顶时覆岩下沉曲线

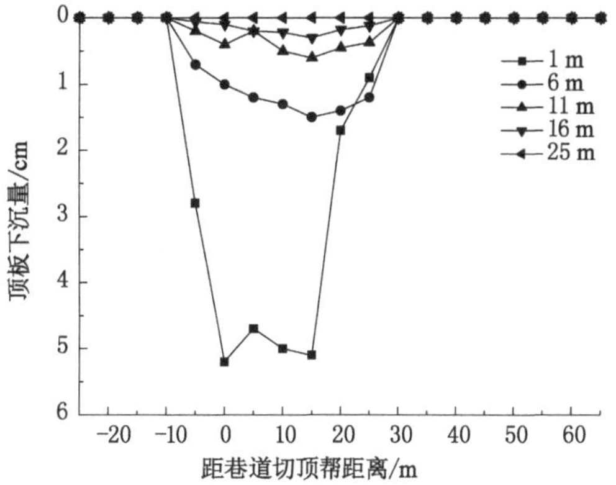

(d) 工作面回采21 m

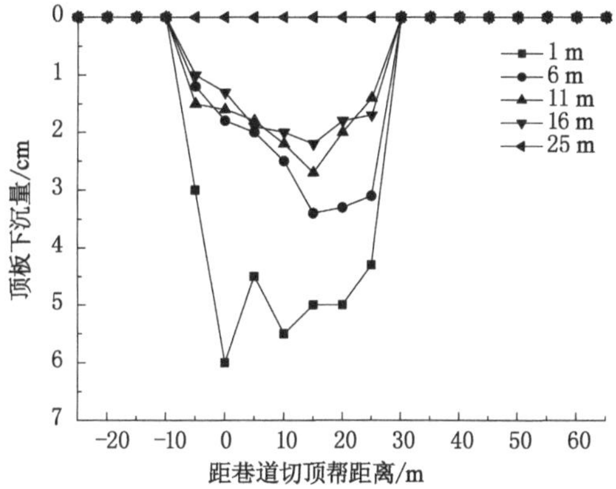

(e) 工作面回采25.7 m

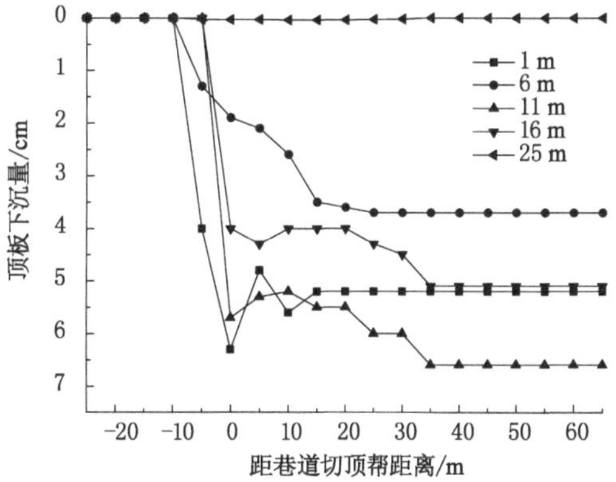

(f) 工作面回采40.5 m

图 3-3(续)

通过对切顶时的覆岩活动过程和变形分析，可知切顶使得切顶侧顶板有效卸压，这有助于巷道在留巷期间的围岩稳定，同时也降低了基本顶回转下沉对巷道围岩的影响。

3.2 坚硬顶板切顶留巷围岩态势数值模拟研究

3.2.1 数值模拟关键问题

3.2.1.1 数值模型建立

为明晰坚硬顶板切顶留巷围岩态势演变规律，根据8201工作面和8206工作面生产地质条件，采用FLAC^{3D}有限元软件建立了数值模拟计算模型(图3-4)，模型包括8201工作面、8206工作面、8201工作面运输平巷(8206工作面回风平巷)。模型尺寸(长×宽×高)为470 m×160 m×50 m；根据巷道埋深，施加载荷为10 MPa，模型x、y方向施加水平应力，侧压系数设定为1.2；采用莫尔-库仑破坏准则。数值模拟计算过程为：开挖8201区段工作面运输平巷(8201工作面回风平巷)→开挖8201工作面→开挖8206工作面运输平巷→开挖8206工作面。监测点布置：沿铅垂方向，巷道直接顶上方每隔1 m布置1条监测线，共布置10条监测线，监测范围为巷道直接顶上方10 m、巷道两帮各10 m。同时，为研究切顶对巷道围岩破坏的影响规律，分别在直接顶上方0 m、5 m、10 m、15 m、20 m、25 m、30 m布置监测线，监测范围为直接顶上方30 m、巷道两帮各20 m。

3.2.1.2 煤岩体物理力学参数

科学合理地确定煤岩体的物理力学参数是获得可靠数值模拟结果的前提[92-94]。王永秀等[95]通过制定正交实验设计方案，对抗拉强度、弹性模量、黏聚力和泊松比进行了实验设计，确定了用于数值模拟的优选值。蔡美峰院士[96]认为弹性模量、黏聚力和抗拉强度在数值模拟计算中的取值，可以定为测定值的10%～25%，泊松比可以定为实验室测定值的1.2～1.4倍。陈晓祥等[97]基于实践经验、现场实测和理论分析结果，建议煤岩体物理力学参数(例如抗拉强度、黏聚力、弹性模量)定为实验室测定值的20%～33%。根

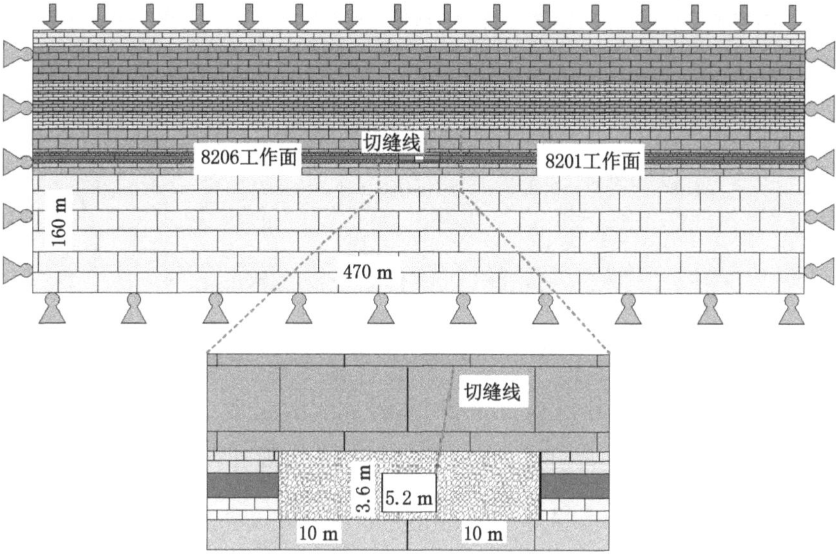

图 3-4 8201 工作面切顶巷道数值计算模型

据以上研究成果，本数值模拟确定体积模量、剪切模量用于数值模拟的取值定为测定值的 25%，泊松比定为测定值的 25%。基于物理力学参数测定结果，确定本数值模拟煤岩体物理力学参数如表 3-2 所列。

表 3-2 煤岩体物理力学参数

岩性	密度/(kg/m³)	体积模量/GPa	剪切模量/GPa	抗拉强度/MPa	黏聚力/MPa	内摩擦角/(°)
砂质泥岩	2 500	2.2	1.8	2.9	2.0	30
泥质粉砂岩	2 550	2.4	2.3	3.2	2.3	32
粗砂岩	2 750	6.5	5.3	5.0	7.0	38
泥岩	2 400	4.0	1.5	2.5	2.0	28
细砂岩	2 600	6.5	4.9	4.4	5.5	30
中粗粒砂岩	2 750	6.5	5.3	5.0	7.0	38
砂质泥岩	2 500	2.2	1.8	2.9	2.0	32
山 2# 煤层	1 400	1.7	1.1	1.4	1.7	22

表 3-2(续)

岩性	密度/(kg/m³)	体积模量/GPa	剪切模量/GPa	抗拉强度/MPa	黏聚力/MPa	内摩擦角/(°)
细砂岩	2 600	6.5	4.9	4.4	5.5	30
泥岩	2 400	4.0	1.5	2.5	2.0	28
粉砂岩	2 550	2.4	2.3	3.2	2.3	32
底板	2 500	2.2	1.8	2.9	2.0	32

3.2.1.3 岩体破坏评价指标

地下围岩破坏经历了循环加卸载,加之岩体自组织结构在重复采掘扰动影响下变化较大,破坏过程复杂多变,因此仅通过应力或应变并不能全面反映煤岩体破坏态势。已有研究成果表明,围岩破坏与岩体内部能量的蓄积和释放紧密相关,能量蓄积和释放是由围岩体内部单元体的畸变能密度变化引起的[98-100]。因此,本书在借鉴已有研究成果的基础上,提出了采用偏应力不变量评价围岩稳定性。根据已有研究成果可得畸变能表达式,可采用偏应力第二不变量表达式[式(3-4)]。偏应力第二不变量能够反映煤岩体内畸变能蓄积和释放的变化。然而仅以畸变能变化并不能实质反映围岩破坏类型,而偏应力第三不变量可以表征围岩破坏类型的变化[101-103]。偏应力第三不变量表达式见式(3-5)。

$$J_2 = \frac{1}{6}[(\sigma_1 - \sigma_2)^2 + (\sigma_2 - \sigma_3)^2 + (\sigma_3 - \sigma_1)^2] \tag{3-4}$$

$$J_3 = \left(\frac{2\sigma_1 - \sigma_2 - \sigma_3}{3}\right)\left(\frac{2\sigma_2 - \sigma_3 - \sigma_1}{3}\right)\left(\frac{2\sigma_3 - \sigma_1 - \sigma_2}{3}\right) \tag{3-5}$$

式中:J_2 为偏应力第二不变量;J_3 为偏应力第三不变量;σ_1 为最大主应力;σ_2 为中间主应力;σ_3 为最小主应力。

由此可知:偏应力第二不变量可以反映煤岩体内部畸变能大小及分布情况,其值越大,说明煤岩体内部蓄积的畸变能越多。偏应力第三不变量可以表征煤岩体应变类型,当其值小于 0 时,煤岩体处于压应变状态;当其值大于 0 时,煤岩体处于拉应变状态;当其值等于 0 时,煤岩体处于平面应变状态。

3.2.2　坚硬顶板切顶巷道一次成巷阶段围岩破坏态势演化规律

3.2.2.1　一次成巷阶段切顶留巷顶板围岩破坏态势演化规律

(1) 偏应力第二不变量分布特征

一次成巷阶段切顶留巷顶板偏应力第二不变量分布形态如图 3-5 所示。图中 Z=0～10 m,代表煤层上方顶板 0～10 m 的范围;图中顶板水平距离,其中 0～10 m 范围内为实体煤上方顶板,10～15 m 范围内为巷道上方顶板,15～18 m 范围内为碎石帮上方顶板。

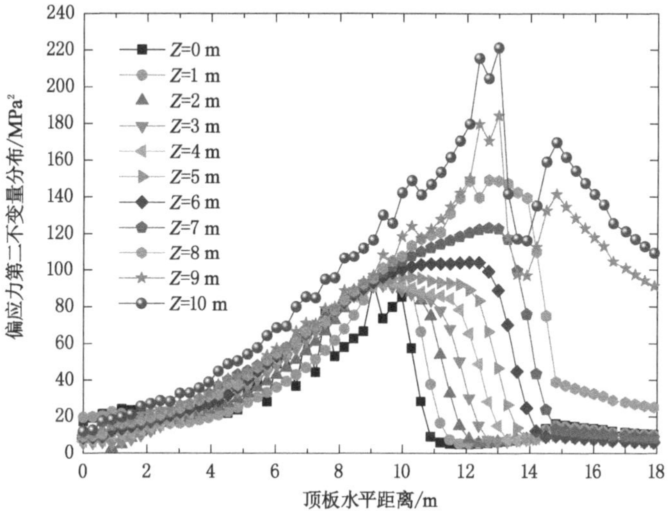

图 3-5　一次成巷阶段切顶留巷顶板偏应力第二不变量分布形态

由图 3-5 可知:

① 从水平方向看,从实体煤上方顶板过渡至碎石帮上方顶板,偏应力第二不变量分布总体呈现逐渐增大→突降→趋于稳定的态势。实体煤上方顶板范围内,偏应力第二不变量持续增加,其值增加至约 150 MPa²。这是由于实体煤上方顶板岩体相对较完整,可以蓄积更多的畸变能。在巷道上方顶板范围内煤层上方顶板 8 m 范围内(即切顶高度范围内)的偏应力第二不变量由实体煤帮的 110 MPa² 下降至约 10 MPa²,可见切顶导致浅部顶板畸变能释放;而煤层上方顶板 9～10 m 范围内(即切顶高度范围外)的偏应力第

二不变量由巷道上方顶板的最大值 223 MPa^2 逐渐下降至碎石帮上方顶板的 110 MPa^2。可见未切顶范围的顶板仍能积蓄畸变能，也表明未切顶范围的顶板完整性要好于切顶范围的顶板。

② 从垂直方向看，偏应力第二不变量分布具有分区性，可分为持续增长区（实体煤帮以里 10 m 至实体煤帮）、快速下降区（巷道范围内）。在实体煤上方顶板范围内偏应力第二不变量在煤层上方顶板 6 m 处达到峰值，当处于煤层上方顶板 9 m 处时，偏应力第二不变量峰值转移至巷道上方顶板。这充分说明了浅部顶板因受巷道开挖卸荷影响，并不能蓄积太多的畸变能，因而导致偏应力第二不变量向深部顶板转移。对于碎石帮上方顶板来说，因受切顶卸压与预裂爆破的共同作用，顶板垮落失稳以碎石形式充填采空区，此范围的偏应力第二不变量值整体较小。但是由于切顶高度有限，切顶层位以上的顶板完整性较好，可以蓄积较多的畸变能。因此，可以预测随着顶板层位越高，蓄积的畸变能将越多，偏应力第二不变量也会相应地增大。综上所述，切顶对煤层上方顶板的能量蓄积和释放有重要影响，切顶作用一定程度上破坏了岩体完整性，为畸变能释放提供了有利条件。

（2）偏应力第三不变量分布特征

一次成巷阶段切顶留巷顶板偏应力第三不变量分布形态如图 3-6 所示。图中 $Z=0\sim10$ m，代表煤层上方顶板 0～10 m 的范围；图中顶板水平距离，其中 0～10 m 范围内为实体煤上方顶板，10～15 m 范围内为巷道上方顶板，15～18 m 范围内为碎石帮上方顶板。

由图 3-6 可知：

① 8201 工作面回采和巷道开挖必然引起围岩破坏，导致岩体内畸变能的转移、释放，具体表现为应变类型的变化。整体来看，从实体煤帮上方顶板过渡到碎石帮上方顶板，偏应力第三不变量分布呈现逐渐增大→减小→缓慢增大的趋势，煤岩体应变类型依次为拉伸破坏（实体煤帮上方顶板）、拉伸破坏与压缩破坏交互存在（巷道上方顶板）、压缩破坏（碎石帮上方顶板）。实体煤帮上方顶板范围内的偏应力第三不变量最大值约为 110 MPa^3，位于实体煤帮上方顶板处，说明实体煤帮上方顶板受开挖卸荷影响，主要表征为拉伸破坏。

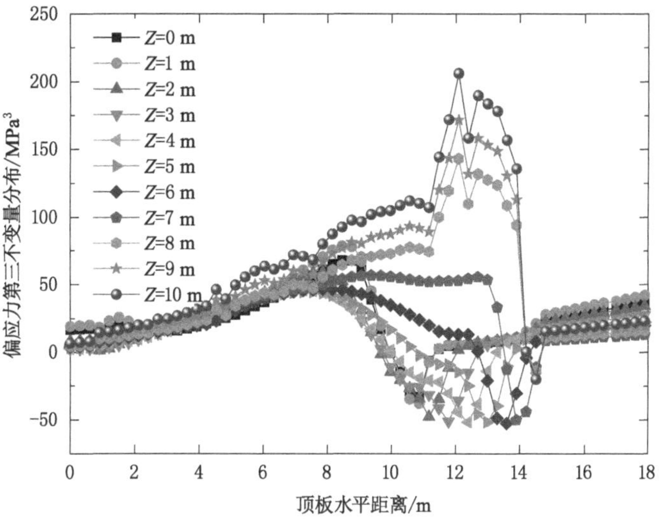

图 3-6 一次成巷阶段切顶留巷顶板的偏应力第三不变量分布形态

② 在巷道上方顶板范围内，煤层上方顶板 7 m 范围内的偏应力第三不变量分布呈现先减小后增大的趋势；煤层上方 0～6 m 处的偏应力第三不变量多小于 0，因此浅部顶板多以压缩变形为主；煤层上方 7～10 m 处的偏应力大于 0，峰值位于煤层上方 10 m 偏向 8201 工作面采空区一侧，因此可以推断巷道上方顶板范围内煤层上方 7～10 m 处顶板以拉伸破坏为主。巷道上方顶板层位越高，偏应力第三不变量峰值越有向切顶侧转移的趋势。这也印证了切顶巷道围岩“不对称变形”结论，因而在现场支护工程实践中，可重点关注切顶侧顶板。

3.2.2.2 一次成巷阶段切顶留巷帮部围岩盘破坏态势演化规律

(1) 偏应力第二不变量分布特征

一次成巷阶段切顶留巷帮部偏应力第二不变量分布形态如图 3-7 所示。图中 Z=0～4 m，代表帮部高度为 4 m；图中顶板水平距离，其中 0～10 m 范围内为实体煤上方顶板，10～15 m 范围内为巷道上方顶板，15～18 m 范围内为碎石帮上方顶板。

由图 3-7 可知：

① 从实体煤帮以里 10 m 处至实体煤帮，偏应力第二不变量分布总体逐

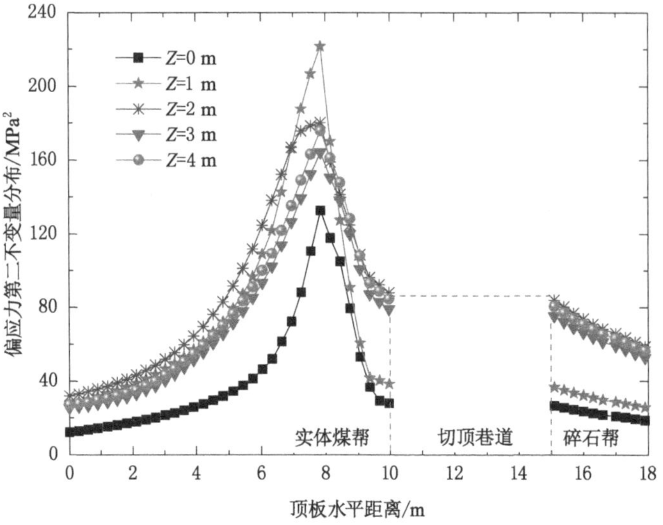

图 3-7　一次成巷阶段切顶留巷帮部偏应力第二不变量分布形态

渐增加→达到峰值→减小的趋势。从水平方向看，实体煤帮以里 4～10 m 范围内，偏应力第二不变量基本处于缓慢增长状态，说明此范围内的实体煤蓄积的畸变能总量较为稳定。实体煤帮至实体煤帮以里 4 m 范围内，偏应力第二不变量呈现迅速增加→达到峰值→逐渐下降的趋势，峰值主要分布在实体煤帮以里 2 m 处。究其原因，受巷道开挖卸荷影响，支承压力向实体煤内部转移，因上覆顶板载荷作用于实体煤壁，导致畸变能蓄积。对于碎石帮而言，偏应力第二不变量呈逐渐下降态势，偏应力第二不变量在碎石帮下部处于低值状态，最大值仅为 35 MPa^2，而碎石帮上部的偏应力第二不变量大于碎石帮下部，最大值约为 90 MPa^2。这说明碎石帮上部在采空区顶板载荷作用下，相对来说，碎石完整性较好，蓄积的畸变能较多。

② 从垂直方向看，煤层水平层位距底板越远，实体煤帮部偏应力第二不变量趋势下降越快，差值也越大。由于巷道开挖卸荷影响，巷道顶板因锚杆索支护，一定程度保持了围岩完整性，因而更利于距底板越远的煤层保持相对完整，从而有利于蓄积畸变能。而煤层因开挖卸荷影响，通常易发生煤壁片帮等，反而不利于畸变能的蓄积，这也是实体煤帮下部偏应力第二不变量

小于实体煤帮上部的原因。这印证了在现场调研过程中，实体煤片帮多发生在靠近底板的帮部。

(2) 偏应力第三不变量分布特征

一次成巷阶段切顶留巷帮部偏应力第三不变量分布形态如图 3-8 所示。图中 $Z=0\sim4$ m，代表帮部高度为 4 m；图中顶板水平距离，其中 0～10 m 范围内为实体煤上方顶板，10～15 m 范围内为巷道上方顶板，15～18 m 范围内为碎石帮上方顶板。

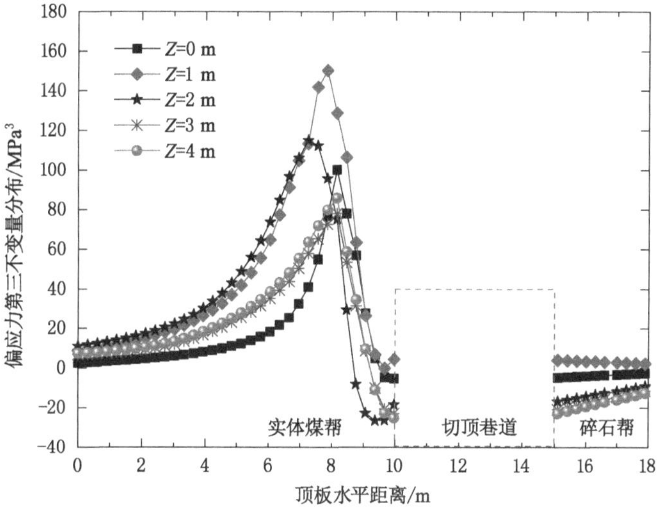

图 3-8　一次成巷阶段切顶留巷帮部的偏应力第三不变量分布形态

由图 3-8 可知：

沿实体煤帮水平方向看，由实体煤帮以里 10 m 处向实体煤帮，偏应力第三不变量分布趋势呈现缓慢增大→达到峰值→快速减小的趋势。应变类型多为拉应变，但在实体煤帮边缘处转变为压应变。偏应力第三不变量峰值位于实体煤以里 2 m 处，这与偏应力第二不变量峰值分布一致。实体煤帮以里 10 m 至 3 m 处，偏应力第三不变量缓慢增加，稳定值约为 20 MPa^3，说明此范围内的煤体基本处于拉应变稳定状态。实体煤帮以里 1 m 至 4 m 处，偏应力第三不变量快速突变，拉伸破坏尤为显著，说明此范围内煤体已经破裂。实体煤帮至实体煤以里 1 m 处，实体煤下层位煤体的偏应力第三不变量小于 0，而靠近顶板的实体煤上层位煤体偏应力第三不变量大于 0，呈上层位煤体受压而下层位煤体受拉的态势。这说明实体煤帮由于顶底板夹持作用，实体煤上层位在 8201 工作面采掘扰动影响下更易破裂，因此在支护过程中需重点关注实体煤帮上肩角位置。对于碎石帮来说，偏应力第三不变量小于 0，最小值约为 $-26\ \mathrm{MPa^3}$，说明碎石帮变形为压缩变形，这与现场观测结果一致。

3.2.3 坚硬顶板切顶巷道二次复用阶段围岩破坏态势演化规律

3.2.3.1 二次复用阶段切顶留巷顶板围岩破坏态势演化规律

(1) 偏应力第二不变量分布特征

二次复用阶段切顶留巷顶板偏应力第二不变量分布形态如图 3-9 所示。图中 Z=0～10 m，代表煤层上方顶板 0～10 m 的范围；图中顶板水平距离，其中 0～10 m 范围内为实体煤上方顶板，10～15 m 范围内为巷道上方顶板，15～18 m 范围内为碎石帮上方顶板。

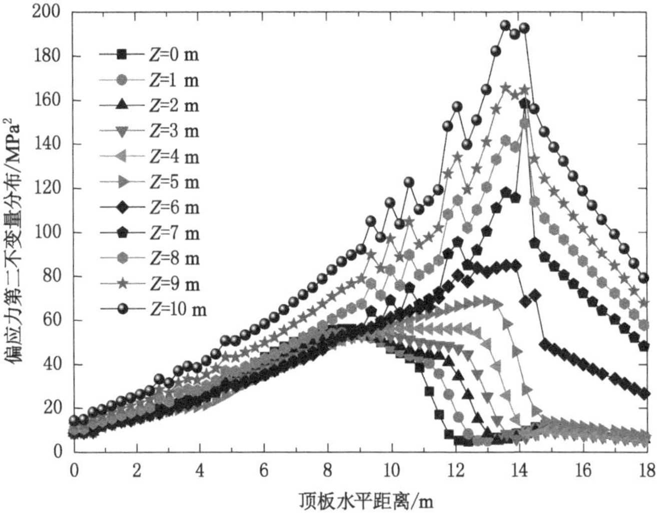

图 3-9 二次复用阶段切顶留巷顶板偏应力第二不变量分布形态

由图 3-9 可知：

① 在巷道上方顶板范围内，煤层上方顶板 5 m 范围内的偏应力第二不变量分布呈现明显的“分区”特征，分为持续增长区（实体煤上方顶板）、快速下降区（巷道上方顶板）、稳定区（碎石帮上方顶板）；在煤层顶板上方 6～10 m 范围内，偏应力第二不变量分区可分为持续增长区（实体煤上方顶板、巷道上方顶板）、快速下降区（碎石帮上方顶板）。从水平方向看，偏应力第二不变量在实体煤上方顶板持续增加，最大值约为 118 MPa^2，小于一次成巷阶段。这说明 8206 工作面采动对巷道煤岩体进行了再次卸压，实体煤内部畸变能得到释放。在巷道上方顶板范围内，煤层上方顶板 5 m 范围内的偏应力第二不变量分布在巷道上方顶板表现为快速下降的态势，下降至约 14.1 MPa^2，说明切顶卸压促进了顶板岩体内部畸变能释放；而在煤层上方顶板 6～10 m 范围内，偏应力第二不变量在巷道顶板上方达到峰值，最大值接近 200 MPa^2。在碎石帮上方顶板范围内，煤层上方顶板 6～10 m 范围内的偏应力第二不变量快速下降，说明切顶对顶板 6～10 m 范围内也起到卸压作用，但卸压效果劣于煤层上方顶板 5 m 范围。

② 从垂直方向看，在巷道顶板上方范围内，偏应力第二不变量在煤层顶板上方 5 m 范围内表现为快速下降态势，而在煤层顶板上方 6～10 m 范围内，下降趋势放缓。尤其是在煤层上方顶板 6 m 处，偏应力第二不变量由峰值 84.75 MPa^2 下降至 44.4 MPa^2，说明深部顶板蓄积畸变能的能力明显大于浅部顶板。由于切顶卸压作用，畸变能向顶板深部转移。从峰值看，煤层顶板上方 0～10 m 处的偏应力第二不变量峰值位置依次距碎石帮 5.8 m、5.76 m、5.74 m、5.0 m、2.2 m、2.0 m、1.0 m、1.0 m、0.95 m、0.92 m。从浅部顶板至深部顶板，偏应力第二不变量峰值逐渐向碎石帮上方顶板迁移，尤其是从煤层顶板上方 5 m 处开始，峰值由靠近实体煤帮上方顶板快速迁移至碎石帮上方顶板，间接说明了煤层上方顶板 5 m 以下范围内的围岩得到充分卸压，而煤层上方顶板 5 m 以上的围岩体卸压效果较弱。

③ 整体来看，二次复用阶段的偏应力第二不变量小于一次成巷阶段，实体煤上方顶板、巷道上方顶板和碎石帮上方顶板蓄积畸变能的能力下降，也说明了巷道围岩承载能力降低。

(2) 偏应力第三不变量分布特征

二次复用阶段切顶留巷顶板偏应力第三不变量分布形态如图 3-10 所示。图中 $Z=0\sim10$ m，代表煤层上方顶板 0～10 m 的范围；图中顶板水平距离，其中 0～10 m 为实体煤上方顶板，10～15 m 为巷道上方顶板，15～18 m 为碎石帮上方顶板。

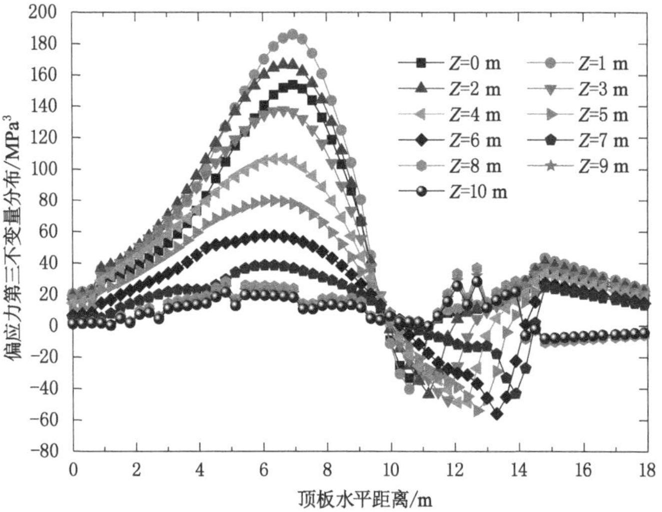

图 3-10　二次复用阶段切顶留巷顶板偏应力第三不变量分布形态

由图 3-10 可知：

① 偏应力第三不变量分布具有明显的“分区”特征，分为拉应变区（实体煤上方顶板）、拉应变与压应变共同存在区（巷道上方顶板、碎石帮上方顶板）。从水平方向看，实体煤上方顶板范围内，偏应力第三不变量分布呈现缓慢增加→峰值→逐渐降低的变化态势。实体煤帮以里约 3 m 处，偏应力第三不变量达到峰值 189 MPa^3。峰值总体趋势为随着实体煤上方顶板层位越高，峰值越小，说明了层位越高的顶板因远离工作面采掘扰动影响，完整性越好。巷道上方顶板范围内，偏应力第三不变量态势表征为浅部顶板为压应变、深部顶板为拉应变。具体表现为巷道上方顶板范围内，煤层上方顶板 7 m 范围内的偏应力第三不变量小于 0，最小值为－58 MPa^3，且以巷道中轴线为对称轴，呈“不对称”分布态势，即越靠近碎石帮，偏应力第三不变量越大；煤层上方顶板 8～10 m 范围内的偏应力第三不变量大于

0,最大值为 40 MPa^3。

② 对于碎石帮上方顶板来说,偏应力第三不变量较小、多大于 0,以拉伸破坏为主。因而在碎石帮支护时,要重点注意碎石帮挤压破坏。

3.2.3.2 二次复用阶段切顶留巷帮部围岩破坏态势演化规律

(1) 偏应力第二不变量分布特征

二次复用阶段切顶留巷帮部偏应力第二不变量分布形态如图 3-11 所示。图中 Z=0～4 m,代表帮部高度为 4 m;图中顶板水平距离,其中 0～10 m 范围内为实体煤上方顶板,10～15 m 范围内为巷道上方顶板,15～18 m 范围内为碎石帮上方顶板。

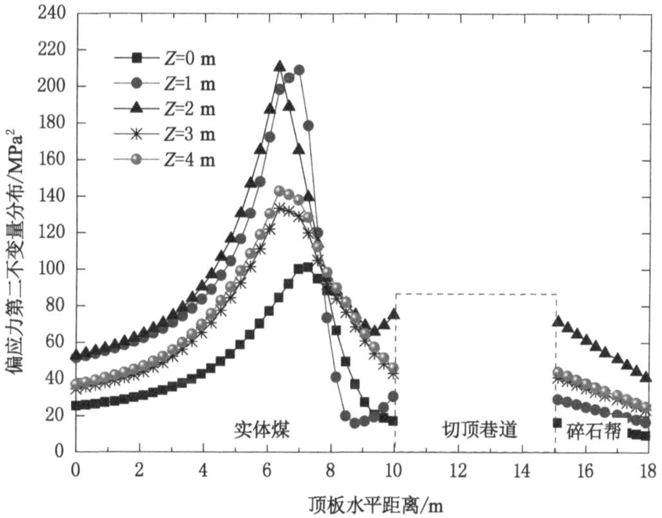

图 3-11 二次复用阶段切顶留巷帮部偏应力第二不变量分布形态

由图 3-11 可知:

① 与一次成巷阶段相比,二次复用阶段的偏应力第二不变量分布依然呈现逐步增加→达到峰值→逐渐下降的发展态势。从水平方向看,实体煤帮以里 4～10 m 范围内,偏应力第二不变量呈缓慢增长态势,最大值约 180 MPa^2。与一次成巷阶段相比,实体煤帮至实体煤帮以里 4 m 范围内的偏应力第二不变量峰值分布在实体煤帮以里 2.6 m 处。对于碎石帮来说,

偏应力第二不变量分布呈逐渐下降趋势，最大值和最小值分别为 70 MPa²、5 MPa²，说明碎石帮蓄积畸变能的能力降低。

② 从垂直方向看，偏应力第二不变量在距离底板 1～2 m 处的峰值最大，达到约 210 MPa²。其次是距离底板 3～4 m 处的峰值，大小约为 150 MPa²。这是由于实体煤受顶板和底板的夹持作用，靠近顶底板的实体煤遭受了一定程度的损伤，导致承载能力下降，蓄积畸变能的能力减弱。而实体煤中部层位煤体，完整性相对较好，蓄积畸变能的能力较强。

(2) 偏应力第三不变量分布特征

二次复用阶段切顶留巷帮部偏应力第三不变量分布形态如图 3-12 所示。图中 Z=0～4 m，代表帮部高度为 4 m；图中顶板水平距离，其中 0～10 m 范围内为实体煤上方顶板，10～15 m 范围内为巷道上方顶板，15～18 m 范围内为碎石帮上方顶板。

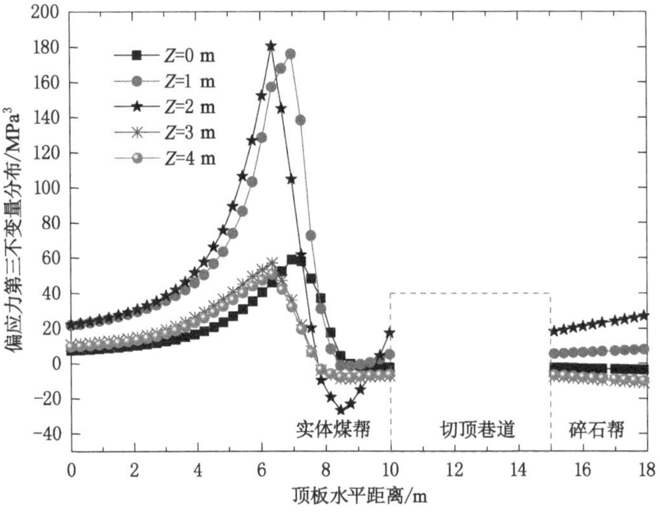

图 3-12　二次复用阶段切顶留巷帮部偏应力第三不变量分布形态

由图 3-12 可知：

与一次成巷阶段相比，二次复用阶段的偏应力第三不变量分布呈逐渐增加→迅速突增→快速突降的发展态势。沿水平方向，偏应力第三不变量分布具有明显的“分区”特征。实体煤帮以里 4～10 m 范围内，偏应力第三不变量呈缓慢增加的态势，其值大于0，说明此范围内的煤体处于拉应变状态。实体煤帮以里1.8～4 m范围内，偏应力第三不变量快速突增并达到峰值，说明此范围内的实体煤已经被拉伸破坏。实体煤帮至实体煤帮以里1.8 m处，偏应力第三不变量的值由正变为负，说明此范围内的煤体应变类型由拉应变转变为压应变。偏应力第三不变量在碎石帮侧多小于0，以压应变为主。

通过上述详细分析，得出了以下结论：

(1) 实体煤帮以里2 m范围内的上覆顶板因受巷道开挖卸荷影响，围岩破坏类型主要为拉伸破坏。碎石帮以里1.4 m处，偏应力第三不变量多大于0，也以拉伸破坏为主。巷道上方顶板范围内，煤层上方顶板6～8 m处也以拉伸破坏为主，随着巷道上方顶板层位越高，偏应力第三不变量峰值愈有向切顶侧转移的趋势，印证了切顶巷道围岩“不对称破坏”变形的研究结果。

(2) 靠近顶板实体煤上层位煤体的偏应力第三不变量大于0，下层位煤体的偏应力第三不变量小于0，表现出上层位煤体受拉而下层位煤体受压的态势。这说明实体煤帮由于顶底板夹持作用，实体煤上层位煤体在采掘扰动影响下更易破坏，因此在支护过程中应重点关注实体煤帮上肩角位置。

(3) 偏应力第二不变量分布在巷道上方顶板、碎石帮上方顶板表现为快速下降趋势。煤层上方顶板1～5 m处，偏应力第二不变量下降至约15 MPa^2，说明切顶卸压促进了顶板岩体内部畸变能的释放。

3.2.4 坚硬顶板切顶对巷道围岩破坏态势的影响规律

通过本章3.2.2、3.2.3两小节内容的分析，分别明晰了一次成巷阶段和二次复用阶段切顶留巷围岩破坏态势的演化规律。为充分明晰切顶对巷道上方顶板围岩破坏态势的影响规律，对巷道上方25 m范围内的顶板应力和位移进行监测分析。沿水平方向，每隔4.5 m布置一个监测点，每条测线布置11个监测点；沿垂直方向，每隔5 m布置一个监测点，每条测线布置7个监测点。监测范围为巷道上方25 m范围，两侧各22.5 m范围，共计77个监测点。监测点布置示意如图3-13所示。

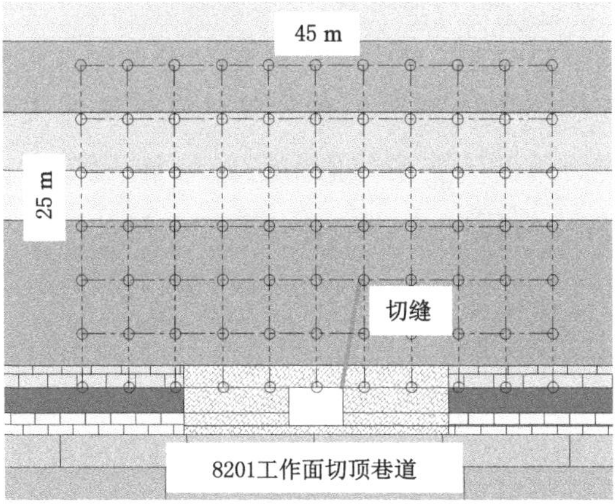

图 3-13　监测点布置示意图

3.2.4.1　切顶对巷道围岩位移场的影响规律

巷道顶板上方 25 m 范围内的垂直位移与水平位移分布如图 3-14 所示。由图 3-14(a)可知，巷道水平距离 0～45 m 范围内，巷道上方 0～10 m 的顶板垂直位移，呈初期缓慢增加→中期快速突增→后期下降的变化态势，具有明显的“分区”特征。

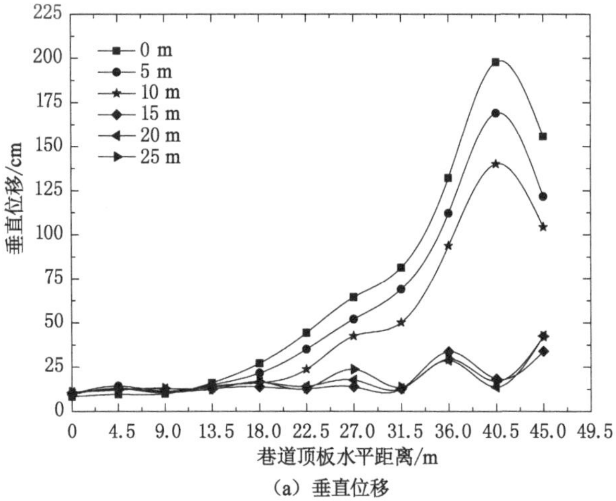

(a) 垂直位移

图 3-14　顶板垂直位移与水平位移分布

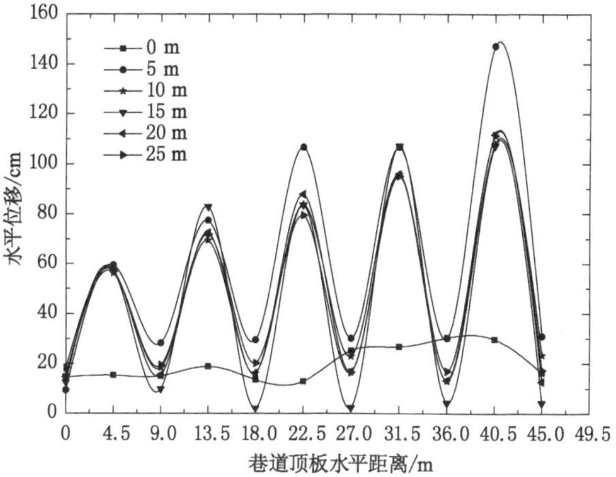

(b) 水平位移

图 3-14(续)

(1) 根据垂直位移分布,可分为三个区,即缓慢增加区(巷道顶板水平距离 0～22.5 m)、快速突增区(巷道顶板水平距离 22.5～40.5 m)、下降区(巷道顶板水平距离 40.5～45.0 m)。缓慢增加区内的垂直位移分布在 8.32～27.14 cm 范围内,随着靠近巷道,垂直位移逐渐增加。快速突增区内的垂直位移分布具有快速增加的特点,垂直位移由最小值 13.92 cm 快速增加至最大值 197.9 cm。下降区内的垂直位由最大值下降至 13.83 cm。

(2) 从水平方向看,以巷道中轴线 $x=22.5$ m 为中心线,垂直位移具有明显的“不对称分布”特征,即巷道切缝侧顶板的垂直位移明显大于巷道未切缝侧顶板。从垂直方向看,巷道顶板上方范围内的垂直位移具有“两极分化”的特点,即巷道上方 0～15 m 范围内的顶板垂直位移在巷道未切缝侧缓慢增加,但在巷道切缝侧快速突增,切缝侧顶板垂直位移最大值是未切缝侧顶板垂直位移最大值的 7.3 倍,说明切缝对巷道上方顶板显著下沉起到了重要作用。对于巷道上方 15～25 m 范围内的顶板,垂直位移呈缓慢增加趋势,巷道未切缝侧顶板与切缝侧顶板的垂直位移差别并不大,切缝侧顶板垂直位移最大值是未切缝侧垂直位移最大值的 2.56 倍,说明切缝的集中影响范围在巷道上方顶板 0～15 m,而对巷道上方顶板 15～25 m 的影响较小。

切缝对基本顶下层位影响显著，而对基本顶上层位影响较弱。

由图 3-14(b)可知：

(1) 从水平方向看，随着越靠近巷道切顶侧围岩，水平位移分布的波动幅度越大，水平位移相应地随之增加。水平位移在巷道水平距离 4.5 m 处(距巷道 18 m)的最大值是 59.45 cm，在巷道水平距离 40.5 m 处(距巷道 18 m)的最大值是 147.2 cm。由此可见，切缝侧顶板水平位移总体要大于未切缝侧顶板，水平位移同样具有显著的“不对称分布”特征。越靠近巷道切顶侧围岩，顶板水平移动程度也就越大。

(2) 从垂直方向看，巷道上方 0 m 处的顶板水平位移一直处于低值态势，水平位移最大值是 18.39 cm，远小于巷道上方顶板 5～25 m 范围内的水平位移。这主要是因为此范围内的顶板为直接顶，随工作面开采直接垮落于采空区，是垮落后碎石的水平位移。但是，巷道上方 0 m 处的顶板水平位移依然具有“不对称分布”特征，即巷道切缝侧顶板水平位移大于巷道未切缝侧顶板。

3.2.4.2 切顶对巷道围岩应力场的影响规律

巷道顶板上方 0～25 m 范围的垂直应力和水平应力分布如图 3-15 所示。由图 3-15(a)可知，巷道顶板上方 0～25 m 范围内的垂直应力总体呈逐步下降的变化态势。

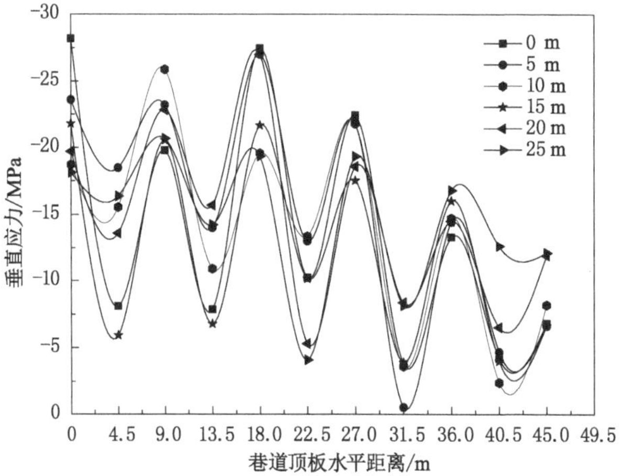

(a) 垂直应力

图 3-15　顶板垂直应力与水平应力分布

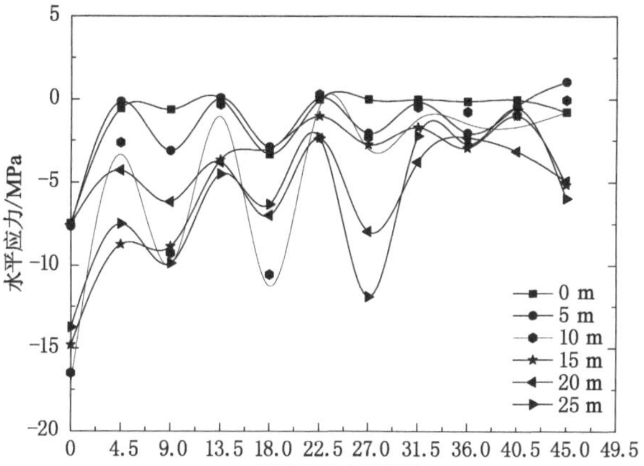

(b) 水平应力

图 3-15(续)

(1) 从水平方向看,以巷道中轴线为对称轴,巷道左侧上方顶板的垂直应力总体较大,最大值和最小值分别为－28.2 MPa、－6.79 MPa,巷道右侧上方顶板的垂直应力最大值和最小值分别为－22.4 MPa、－0.525 9 MPa。由此可以看出:巷道切顶促使巷道切缝侧 22.5～45.0 m 的岩体应力得到释放,因而垂直应力也相应下降;切顶切断了顶板应力传递,对巷道卸压起到了重要作用。

(2) 从垂直方向看,沿巷道顶板水平距离 22.5～40.5 m 的上方顶板(即切缝侧巷道上方顶板),巷道上方 0 m、5 m、10 m、15 m、20 m、25 m 处的顶板垂直应力最大值分别为－22.4 MPa、－21.76 MPa、－21.82 MPa、－17.52 MPa、－18.58 MPa、－19.33 MPa,最小值分别为－3.79 MPa、－0.525 9 MPa、－2.416 MPa、－3.893 MPa、－5.3 MPa、－4.1 MPa。由此可见,切顶促使顶板应力释放区域主要集中于基本顶下层位,即巷道顶板上方 15 m 范围内,而对巷道上方 15 m 以上岩层的应力释放效果有限。

由图 3-15(b)可知,巷道上方顶板 0 m 处的水平应力分布平缓。

(1) 从水平方向看,以巷道中轴线为对称轴,沿巷道顶板水平距离 0～22.5 m 的上方顶板水平应力总体要大于沿巷道顶板水平距离 22.5～45 m 的上方顶板。尤其是巷道顶板水平距离 22.5～45 m 的上方顶板水平应力大多分布在－2.6～0 MPa，而巷道顶板水平距离 0～22.5 m 的上方顶板水平应力大多分布在－10～0 MPa。由此可见，水平应力同样呈现“不对称分布”特征。

(2) 从垂直方向看，巷道顶板水平距离 0～22.5 m 的上方顶板水平应力波动幅度要明显大于巷道顶板水平距离 22.5～45 m 的上方顶板。越往巷道顶板上方，顶板水平应力波动幅度越大。巷道顶板上方 0 m 处的水平应力曲线分布平缓，基本保持在 0 MPa，说明巷道顶板上方直接顶已经完全垮落，应力得到完全释放。巷道上方 5～25 m 处水平应力波动幅度较大，相对来说，切顶侧顶板水平应力相对较小。

3.3 本章小结

(1) 通过分析物理相似模拟结果，可知切顶卸压显著加快了靠近切顶侧一定范围内顶板的垮落速度，但也增强了靠近切缝一定范围的岩体对切顶侧碎石帮的侧向冲击强度。切顶卸压导致切顶留巷顶板的不对称变形。

(2) 坚硬顶板切顶留巷在一次成巷阶段和二次复用阶段的偏应力第二不变量分布、第三不变量分布均具有明显的“分区”特征，分为持续增长区(实体煤帮以里 10 m 至实体煤帮)、快速下降区(巷道范围内、碎石帮)，总体为逐渐增大→突降→趋于稳定的趋势。二次复用阶段偏应力第二不变量减小，巷道围岩畸变能蓄积能力减弱。切顶促使偏应力第二不变量和第三不变量峰值向围岩深部转移，巷道范围内煤层上方顶板 5 m 范围内卸压效果显著。

(3) 切顶导致围岩位移和应力分布均呈现显著的“不对称分布”特征，对巷道切缝侧围岩的应力释放起到了重要的促进作用。基本顶下部分岩层切顶卸压效果优于基本顶上部分岩层。

4 坚硬顶板切顶留巷预裂爆破关键技术

本章论述了坚硬顶板切顶成巷原始切顶爆破装药结构不合理、切顶爆破参数不科学等问题,并开展了深浅孔组合爆破、分段创造导向孔爆破、D型聚能管聚能爆破等实验;揭示了单孔聚能爆破与双孔聚能爆破的岩体裂纹扩展规律与压应力传播规律;研发了适用于坚硬顶板切顶成巷悬顶改造的三向卸压聚能预裂爆破装置;获得了坚硬顶板切顶预裂爆破关键参数,取得了良好效果。

4.1 切顶预裂爆破原始工艺优化方向

坚硬顶板岩层坚硬,在切顶预裂爆破过程中容易产生坚硬顶板悬顶(图 4-1)、炸帮、冲孔严重等现象。目前针对切顶预裂爆破的研究集中在切顶角度、切顶高度、切顶孔间距、装药结构的改进与优化,对深入研发切顶预裂聚能爆破装置的针对性研究较少。双向定向预裂爆破结构是目前切顶成巷预裂爆破工艺的主要形式[104-105],但在坚硬顶板切顶过程中出现了预裂爆破效果不佳、坚硬顶板垮落不充分等问题。

通过调研 8201 工作面区段运输平巷(8206 工作面区段回风平巷)的切顶预裂爆破原始参数,总结如下:① 切顶角度为 15°,切顶长度为 8.1 m,切顶孔间距为 0.5～0.8 m;采用双向聚能管、三级乳化炸药、瞬发电雷管、水炮泥封孔进行定向预裂爆破。② 双向聚能管外径为 42 mm、内径为 36.5 mm,长度为 1 500 mm;每卷三级乳化炸药规格为 ϕ35 mm×300 mm;装炮泥的炮袋为 ϕ38 mm×500 mm 塑料或纸质炮袋;装药结构为 2+2+2+1+1、3+2+2+2+1、3+3+2+2+1、3+3+3+2+1、4+3+3+2+1。

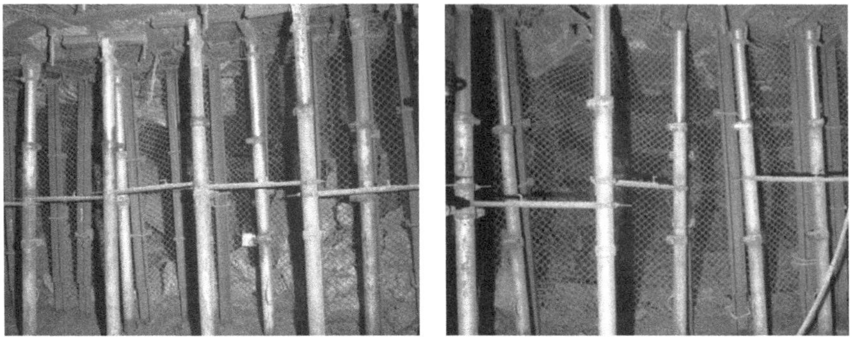

图 4-1　坚硬顶板悬顶

在 8201 工作面区段运输平巷(8206 工作面区段回风平巷)应用原始切顶预裂爆破工艺时,发现存在以下不足:

(1) 切顶长度是影响切缝效果、顶板是否能够充分垮落的重要因素[106]。原始切顶长度为 8.1 m,并不能完全适应巷道顶板围岩态势的变化。根据 8201 工作面 BK09、BK14 钻孔的地勘结果,山 $2^{\#}$ 煤层直接顶为厚 2 m 的粉细砂岩,基本顶为厚 13.6 m 的中粗砂岩,属于"直接顶+厚硬基本顶"结构。因此,应在掌握顶板破断规律的基础上,针对性地确定切顶长度。在直接顶与厚硬基本顶结构赋存条件下,切顶长度为 8.1 m 时,采空区内出现了坚硬顶板悬顶,切顶预裂爆破效果仍需改善。

(2) 普通聚能管(图 4-2)对于坚硬顶板来说,适用性较差,因而切顶预裂爆破效果并不理想。在坚硬顶板切顶不充分的情况下,工作面容易发生动载矿压显现。尤其是坚硬顶板悬顶面积较大时,煤岩体内部容易产生局部应力集中区。当局部集中应力与超前支承压力叠加时,极易造成巷道围岩破坏失稳。这也是坚硬顶板悬顶对应巷道段内的钢带断裂、锚索脱落、U29 型钢弯折的重要原因。因此研发适用于坚硬顶板切顶的聚能预裂爆破装置,具有重要的现实意义。

(3) 切顶预裂爆破原始装药结构为 2+2+2+1+1、3+2+2+2+1、3+3+2+2+1、3+3+3+2+1、4+3+3+2+1。通过钻孔窥视,发现沿钻孔深度方向部分段并没有形成切缝。同时进行爆破时,封孔长度过短造成冲孔严重等问题,给顶板长久安全维护带来困难。

图 4-2 聚能管示意图

(4) 切顶孔间距为 0.5～0.8 m,有些切顶孔之间的岩体裂纹并未贯通,导致顶板切顶不充分,不能充分垮落,进而形成悬顶。因此合理确定切顶孔间距也是亟须解决的问题。

4.2 坚硬顶板切顶预裂爆破关键技术研究

聚能爆破是通过聚能预裂爆破装置的约束结构,促使爆轰产物在约束结构作用下,由此产生爆轰波聚能效应。在聚能预裂爆破装置设定方向下,爆轰波产生的高强聚能射流对周围岩体产生集中拉应力,从而使围岩沿设定方向产生张拉断裂,进而形成预裂切缝[107-109]。当引爆药包时,爆炸产生的爆轰波和爆生气体急需寻求自由空间以释放能量,实现能量平衡。由于聚能装置导向自由空间的存在,爆轰波和爆生气体首先从聚能装置导向自由空间处释放,在空间结构约束下,形成高速射流,进而在聚能管开孔方向形成射流面[109-111]。聚能爆破成缝原理如图 4-3 所示。

聚能管作用如下:① 在聚能管切缝方向上,促使爆轰波形成高压、高速、高温射流,沿切缝方向劈裂岩体形成裂纹,并在爆轰波不断传播下进行扩展贯通;② 在聚能管非切缝方向上,少量爆轰波作用于管壁,利于保持非切缝方向的岩体完整性;③ 爆轰波不断对岩体进行侵切,促使裂纹不断扩展。

本书针对原始切顶预裂爆破方案存在问题及优化方向,分别开展了深

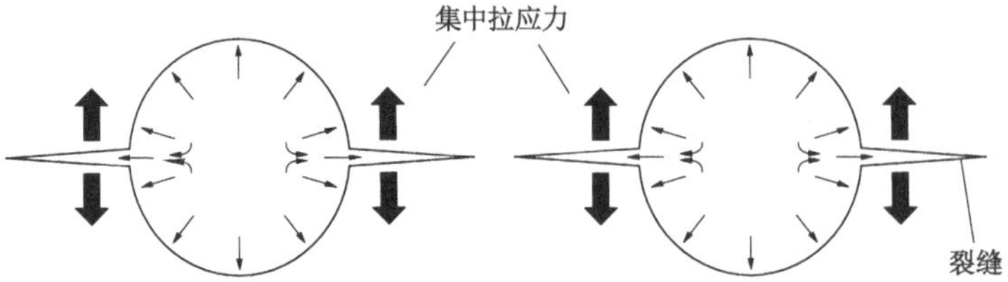

图 4-3　聚能爆破成缝原理

浅孔组合爆破、分段创造导向孔爆破、D 型聚能管聚能爆破等实验。针对坚硬顶板采空区内形成的坚硬顶板悬顶，研发了一种三向卸压聚能预裂爆破装置，以有效解决坚硬顶板悬顶难题。

4.2.1　坚硬顶板切顶聚能预裂爆破数值模拟

4.2.1.1　单孔情况下聚能预裂爆破模拟分析

采用 LS-DYNA 非线性动力有限元分析软件开展聚能预裂爆破数值模拟，为确定合理的切顶预裂爆破参数提供依据。LS-DYNA 软件具有几何非线性、材料非线性和接触非线性的特点，以非线性动力分析为主。在聚能预裂爆破过程中，爆轰波对围岩造成的损伤属于典型的非线性损伤，各损伤点的损伤程度不尽相同，表现为复杂的各向异性损伤特征。LS-DYNA 软件可以有效模拟高能炸药起爆下的岩体裂纹扩展，因此选用该软件进行聚能预裂爆破数值模拟，以便取得较好的数值模拟分析效果[112-113]。

模型采用 SOLID164 单元建立，采用流固耦合算法模拟爆破对岩体造成的损伤，以便防止网格畸变对模拟结果产生的偏差。建模过程中，采用 ALE(任意拉格朗日-欧拉)网格模拟药卷和空气，采用 Lagrange(拉格朗日)网格模拟岩体和聚能管。将岩体、聚能管、药卷、空气进行耦合，通过模拟语言 * CONSTRAINED-LAGRANGE-IN-SOLID 建立流固耦合模型，采用 * MAT_HIGH_EXPLOSIVE_BURN 来定义三级乳化炸药材料模型，爆轰压力采用 JWL 状态方程表达，即：

$$Q = a\left(1-\frac{\xi}{ar_1}\right)e^{-r_1 v}+b\left(1-\frac{\xi}{ar_2}\right)e^{-r_2 v}+\frac{\xi\rho_0}{v} \tag{4-1}$$

式中：Q 为爆炸时产生的爆轰压力，MPa；a、b、r_1、r_2、ξ，e 是矿用乳化炸药的材料参数(表 4-1)；v 为爆炸时爆轰生成产物的体积；ρ_0 为爆轰生成产物的密度。

表 4-1　矿用乳化炸药材料参数

密度/(kg/m³)	爆速 D/(m/s)	爆压/GPa	a/GPa	b/GPa	r_1	r_2	ξ	e/GPa
1 175	3 100	3.0	252	10.28	7.22	2.38	0.064	2.58

选用空气材料模型进行模拟，具体参数见表 4-2；细砂岩物理力学参数见表 4-3。

表 4-2　空气材料参数

密度/(kg/m³)	C_0	C_1	C_2	C_3	C_4	C_5	C_6	V_0	E_0
1.293	-10^{-6}	0	0	0	0.38	0.38	0	1.0	2.059×10^{-6}

表 4-3　细砂岩物理力学参数

岩性	密度 ρ_0/(g/cm³)	抗拉强度 σ_t/MPa	单轴抗压强度 σ_c/MPa	弹性模量 E/GPa	泊松比 μ	黏聚力 C/MPa	内摩擦角 /(°)
细砂岩	2.52	3.57	46.7	68.8	0.165	26.8	41

聚能管材质为聚氯乙烯(PVC)，在高温高压下的力学行为较为复杂，具体表现为：爆破初始阶段，具有一定的强度；当进入后期阶段时，瞬时进入流塑状态。在爆轰波和爆炸产物的冲击及高温高压协同作用下，聚能管被瞬间破坏。基于聚能管在高温高压作用下的破坏特点，本次模拟聚能管的材料参数包括密度、弹性模量、抗拉强度、泊松比，取值分别为 1 400 kg/m³、3.3 GPa、70 MPa、0.3。单孔聚能预裂爆破数值模型如图 4-4 所示。

聚能爆破与普通爆破时的爆轰压力分布如图 4-5 所示，由图可知：聚能爆破时的爆轰压力曲线呈快速突增→快速下降→趋于稳定的发展趋势。在 5 μs 时，爆轰压力接近于 0 MPa，说明此时还未起爆；在 10 μs 时，爆轰压力突然猛增至 526 MPa；而后在 17 μs 时，爆轰压力快速下降至约 0 MPa。由

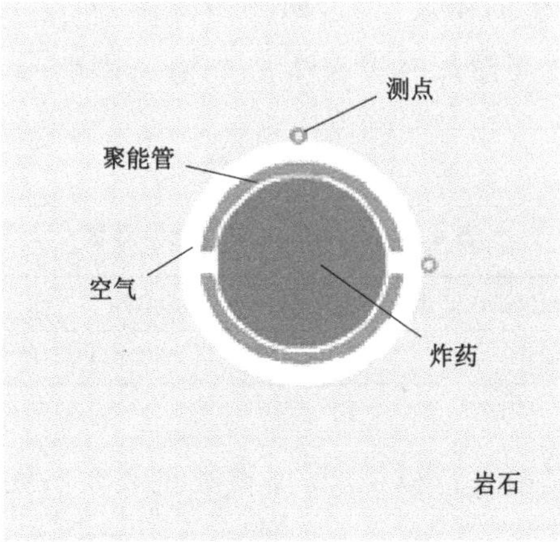

图 4-4　单孔聚能预裂爆破数值模型

此可知，聚能爆破的特点是爆轰压力大、释放时间短，进而造成爆轰波能量集中释放。普通爆破时的爆轰压力曲线呈快速突增→缓慢下降→趋于稳定的发展趋势。在 12 μs 时，爆轰压力快速升至 290 MPa；而后在 60 μs 时，爆轰压力逐渐下降至 30 MPa；此后趋于稳定。由此可知普通爆破的爆轰压力作用时间长，爆轰能量释放时间也长，而聚能爆破具有极短时间内爆轰能量迅速集中释放的特点。

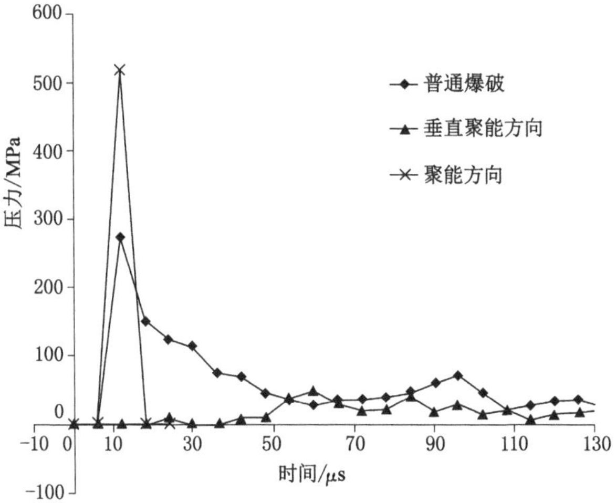

图 4-5　聚能爆破与普通爆破时的爆轰压力分布

单孔普通爆破过程如图 4-6 所示，由图可知：在 $t=9.6\sim18.9\ \mu s$ 时，应力波向岩体深部传播，应力值较大，衰减缓慢。由于应力集中作用，在 $t=9.6\ \mu s$ 时，岩体开始出现压缩损伤，并随着应力波传播，损伤区域不断扩大。在 $t=18.9\sim100\ \mu s$ 时，应力波传播至自由边界外，应力峰值不断衰减，但应力作用区域持续扩大。此阶段内，岩体压缩损伤区域进一步扩大，并且出现径向裂纹，呈向外辐射状。在 $t=100\ \mu s$ 后，岩体中的应力值较小，局部有应力集中。该阶段岩体损伤区域不再扩展，在爆生气体持续作用下，径向裂纹不断扩展，最后形成裂纹破坏区。

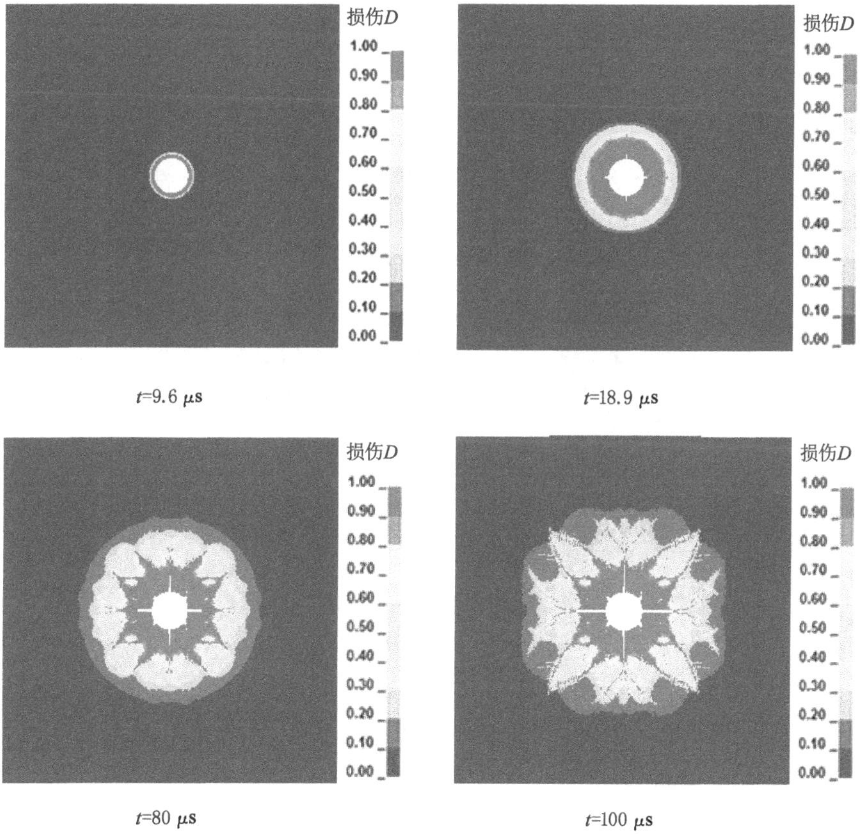

图 4-6 单孔普通爆破过程

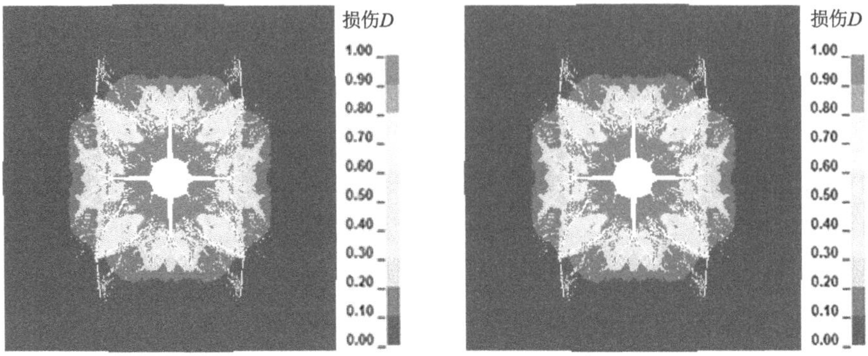

t=400 μs　　t=600 μs

(a) 单孔普通爆破岩体损伤过程

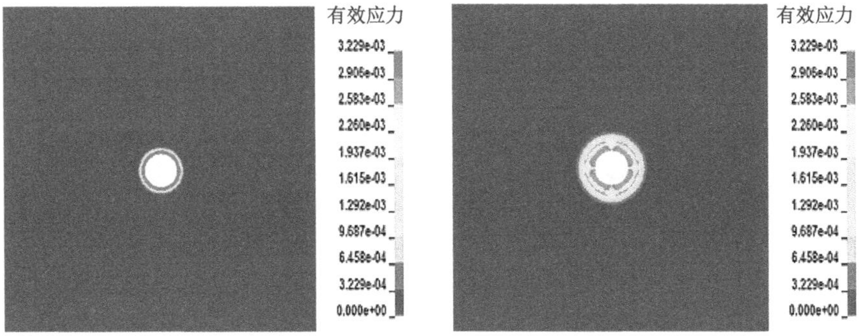

t=9.6 μs　　t=18.9 μs

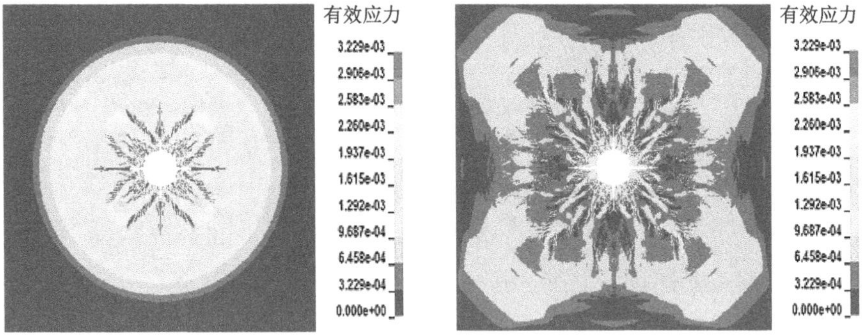

t=80 μs　　t=100 μs

图 4-6(续)

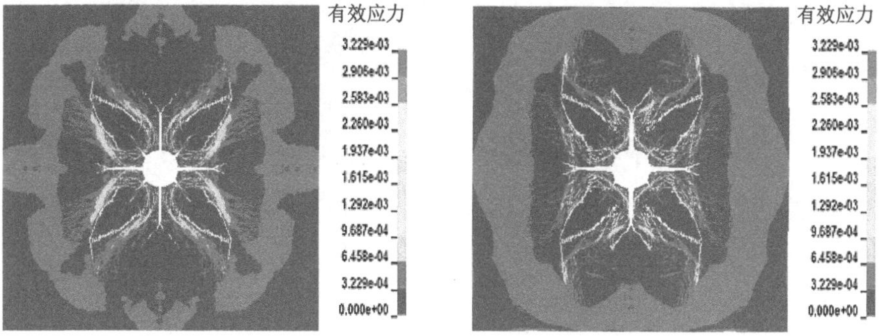

t=400 μs　　t=600 μs

(b) 单孔普通爆破应力传播过程

图 4-6(续)

单孔聚能爆破过程如图 4-7 所示，由图可知，在 $t=9.6$ μs 时，由于聚能管结构约束作用，沿聚能方向，孔壁出现了应力集中，但在其他方向并未出现应力集中。在 $t=9.6\sim18.9$ μs 时，应力集中范围不断扩大，并沿聚能方向以扇形向孔壁两侧传播。在 $t=80$ μs 时，岩石损伤区域突然增加，扇形区域显著扩大，沿聚能方向出现了裂纹。随着应力波持续传播，高应力促使裂纹不断延伸贯通，岩石损伤区域不断扩大。由于裂纹延伸消耗了爆轰能量，应力波持续衰减。在 $t=100$ μs 时，岩石损伤区域由扇形变为“X”形，并且出现了沿聚能方向的应力集中区。在 $t=400$ μs 时，岩石损伤区域显著增大，沿聚能方向的裂纹延伸长度显著增加，炮孔周围岩体出现大量裂纹，表明岩体已经破碎。在 $t=600$ μs 时，沿聚能方向的裂纹进一步延伸，直至爆轰能量消耗殆尽。通过上述分析，可知聚能爆破情况下，爆轰波促使岩体沿聚能方向形成了单一裂纹。与普通爆破相比，聚能爆破能够在聚能方向上形成定向裂缝，进而形成顶板切缝。

4.2.1.2　双孔情况下聚能预裂爆破模拟分析

通过研究双孔聚能预裂爆破时的应力叠加与裂纹扩展规律，为合理确定切顶孔间距提供理论依据。切顶孔间距为 400 mm 时的裂纹延伸贯通过程如图 4-8 所示。随着爆生气体传播，裂纹沿预裂方向在岩体中持续延伸，

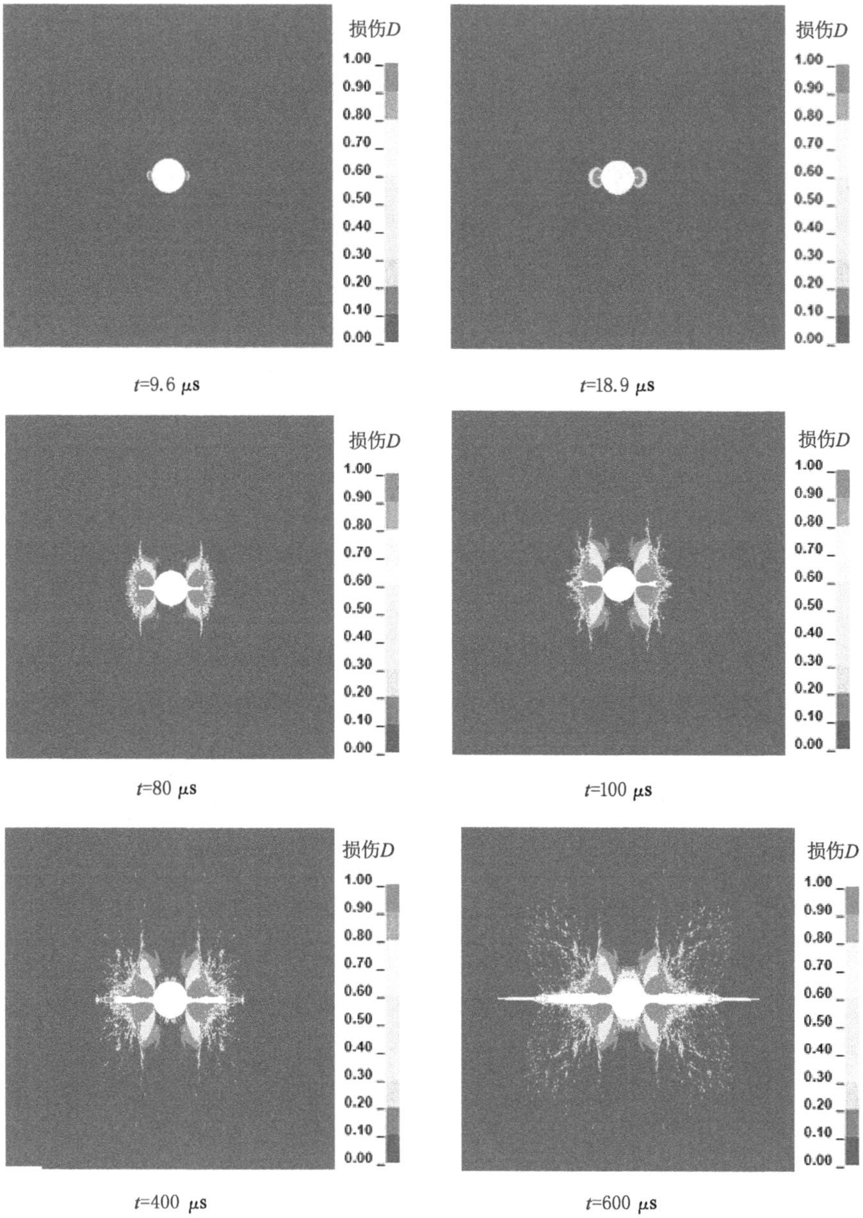

(a) 单孔聚能爆破岩体损伤过程

图 4-7 单孔聚能爆破过程

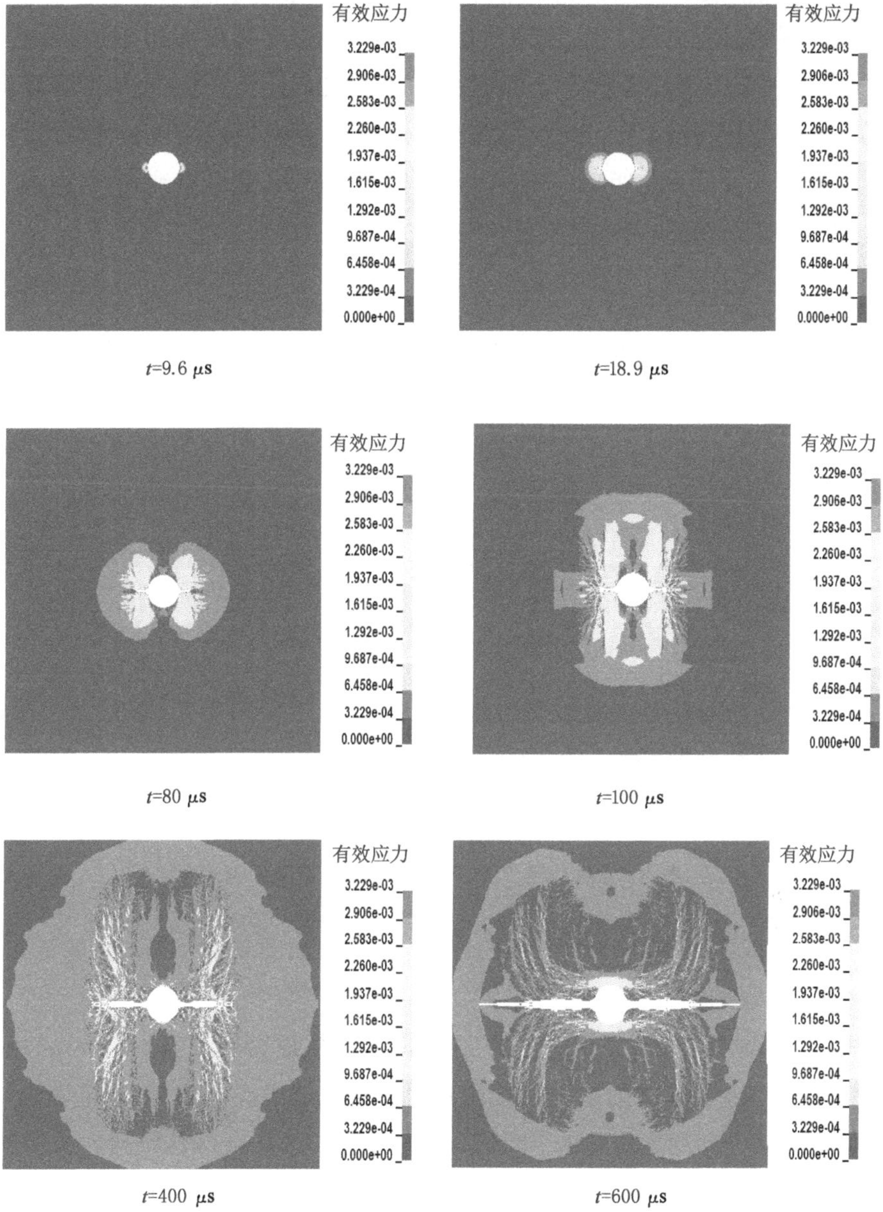

(b) 单孔聚能爆破应力传播过程

图 4-7(续)

两孔各自的裂纹交叉，产生新裂纹，将两孔贯通。切顶孔间距为 500 mm 时的裂纹延伸贯通过程见图 4-9。与切顶孔间距为 400 mm 时相比，切顶孔间距为 500 mm 时的定向裂纹延伸需要更长过程。切顶孔间距为 500 mm 时的裂纹延伸分为起裂阶段、持续延伸阶段、延伸突增阶段。起裂阶段，裂纹延伸较慢，仅在孔壁周围延伸了一定距离。随着爆生气体继续破岩，裂纹持续延伸，进入了持续延伸阶段。随后，裂纹进入延伸突增阶段，以很快的速度贯通两孔。

图 4-8　切顶孔间距为 400 mm 时的裂纹延伸贯通过程

切顶孔间距为 500 mm 时的压应力传播过程如图 4-10 所示，由图可知：当 $t=65\ \mu s$ 时，压应力仅在孔壁产生很小的影响范围；当 $t=75\ \mu s$ 和 $t=95\ \mu s$ 时，压应力范围持续扩大，形成环绕孔壁分布的“压应力环”；当 $t=105\ \mu s$ 时，孔壁周围的压应力呈放射状向两孔间的岩体趋近，“压应力环”影响范围继续扩大，形成完全环绕爆破孔的“半圆环”形态；当 $t=115\ \mu s$ 时，“压应力环”形成“X”形叠加应力环，压应力在两孔间的岩体传播完毕；当 $t=125\ \mu s$ 时，“压应力环”影响范围和压应力集中程度持续增大，在两个“压应力环”中部，形成了压应力叠加集中区；在 $t=125\ \mu s$ 时，裂纹贯通了两孔。通过分析压应力传播过程可知，聚能爆破产生的爆轰作用以压应力传播为主要形式。$t=$

图 4-9 切顶孔间距为 500 mm 时的裂纹延伸贯通过程

65～95 μs 时，是“压应力环”的孕育阶段；t＝105～125 μs 时，是“压应力环”的快速形成阶段；t＝135～145 μs 时，是“压应力环”的稳定发展阶段。两孔间岩体破坏主要发生在“压应力环”的快速形成与稳定发展阶段。

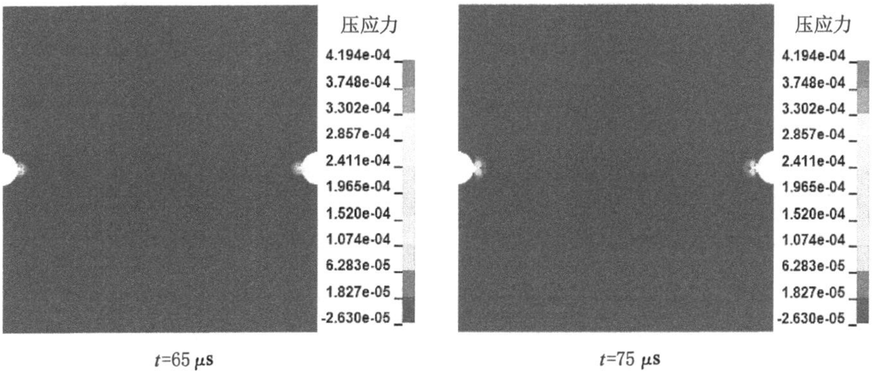

图 4-10 切顶孔间距为 500 mm 时的压应力传播过程

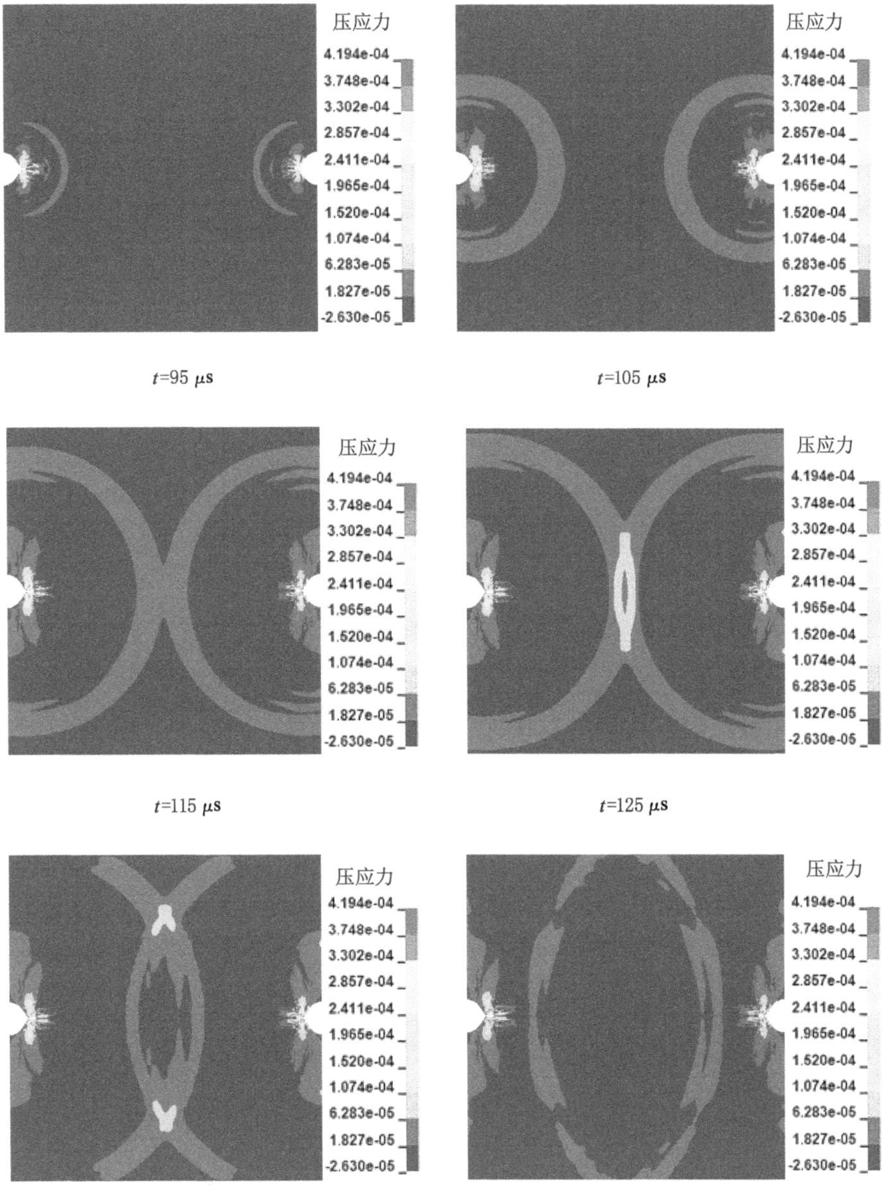

t=95 μs　t=105 μs

t=115 μs　t=125 μs

t=135 μs　t=145 μs

图 4-10(续)

图 4-11 为不同切顶孔间距时的裂纹贯通情况。当切顶孔间距为 400 mm 时，两孔间的岩体能够被贯通；当切顶孔间距为 500 mm 时，两孔间的岩体刚好贯通，形成了良好的切缝效果；当切顶孔间距为 600 mm 时，两孔间的岩体未能贯通。切顶孔间距为 400 mm 时的裂纹宽度大于切顶孔间距为 500 mm 时的裂纹宽度。综合考虑现场施工成本，切顶孔间距定为 500 mm。

图 4-11 切顶孔间距分别为 400 mm、500 mm、600 mm 时的裂纹贯通情况

4.2.2 坚硬顶板切顶爆破预裂现场实验

为确定适合于大斗沟煤矿 8201 工作面区段运输平巷(8206 工作面区段回风平巷)的切顶预裂爆破方案，开展了深浅孔组合爆破实验、分段创造导向孔爆破实验、D 型聚能管爆破实验。

4.2.2.1 深浅孔组合爆破实验

深浅孔组合爆破原理：深孔和浅孔同时为爆轰能量提供更多的自由空间，破坏顶板不同层位岩体。浅孔爆破为深孔爆破提供更多的能量释放空间[114-115]。

深浅孔组合爆破实验方案：① 实验地点位于 8201 工作面区段运输平巷(8206 工作面区段回风平巷)里程 420～444 m 处(即距工作面开切眼 418～442 m 处)，实验长度为 24 m；采用深孔＋浅孔相结合的预裂爆破方式。② 每组包括 1 个深孔和 1 个浅孔，孔间距为 0.5 m，深孔长度为 9.5 m，浅孔长度为 6.0 m。深孔安装 5 根聚能管，每根聚能管装 3 卷药，封孔长度为 2 m；浅孔安装 2 根聚能管，每根聚能管装 3 卷药，封孔长度为 1.5 m。聚能管采用BTC-1500型聚能管，开展20组爆破实验。深浅孔组合爆破示意如图4-12所示。

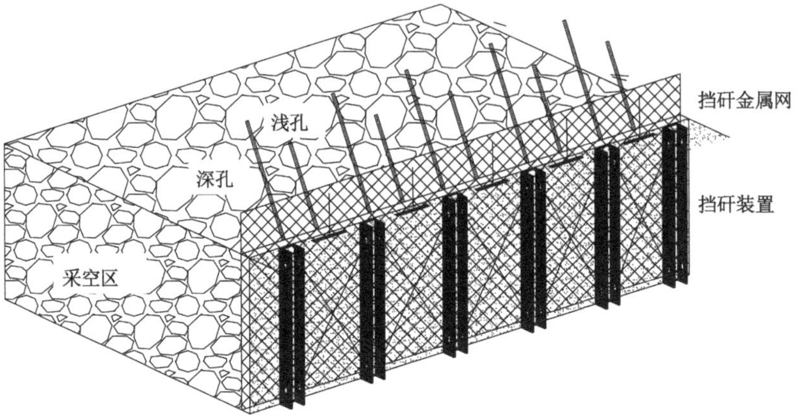

图4-12 深浅孔组合爆破示意图

深浅孔组合爆破效果分析：当8201工作面推进到实验段时，采空区内坚硬顶板垮落效果不佳，存在坚硬顶板悬顶情况。通过钻孔窥视，发现人工封孔阶段的顶板切缝效果不佳。针对此类情况，在距离深孔0.3 m处施工了长度为8.0 m的深孔，进行二次爆破。深孔钻孔窥视图如图4-13所示。钻孔深度为1 m时，岩体比较完整，未发现明显裂纹；钻孔深度为2 m时，岩体出现了1条窄细裂纹；钻孔深度为3 m时，岩体出现破碎情况；钻孔深度为4 m、5 m、6 m时，定向裂缝出现；钻孔深度为7 m和8 m时，定向裂缝宽度显著增大。由此可见，深孔中上部的预裂爆破效果较好。

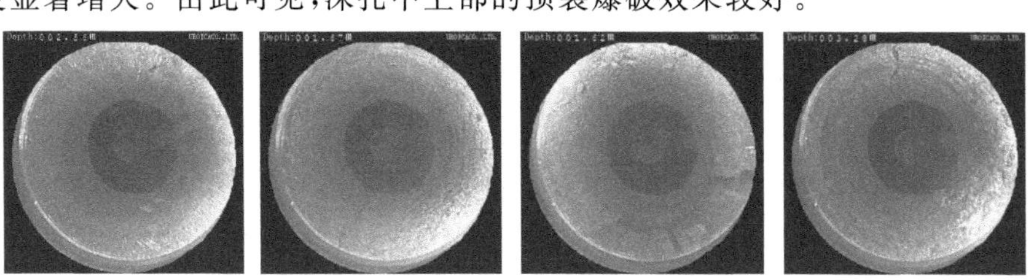

图4-13 深孔不同深度的窥视效果

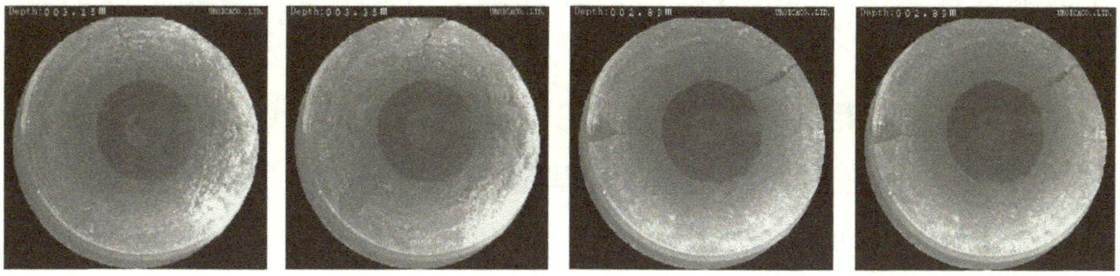

钻孔深度为5 m　钻孔深度为6 m　钻孔深度为7 m　钻孔深度为8 m

图 4-13(续)

浅孔钻孔窥视效果如图 4-14 所示。钻孔深度为 1 m 时,岩体较完整;钻孔深度分别为 3 m 和 5 m 时,岩体出现了竖向裂纹和横向裂纹;钻孔深度为 6 m 时,岩体出现了较为明显的裂缝。由此可知,浅孔预裂爆破效果劣于深孔,裂缝同样发育在顶板中上部。

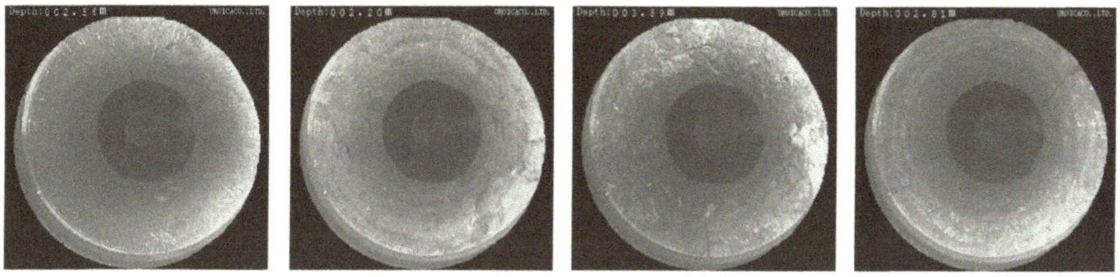

钻孔深度为1 m　钻孔深度为3 m　钻孔深度为5 m　钻孔深度为6 m

图 4-14　浅孔不同深度的窥视效果

4.2.2.2　分段创造导向孔爆破实验

分段创造导向孔爆破原理[116-119]:毫秒延时爆破是利用毫秒延时雷管,在每个孔内使各个药包以毫秒级的不同时间顺序起爆的爆破技术。目前关于毫秒延时爆破技术原理有几种观点:① 形成新自由面。先起爆的炮孔,爆轰波破坏了周围岩体,出现了自由面;在自由面形成后,爆轰产物产生的压应力波转变为拉伸波,进而持续破坏岩体。② 应力波叠加作用。先起爆的炮孔产生爆轰应力波,后起爆的炮孔也产生爆轰应力波,爆轰应力波相互叠加激荡,进而共同破岩。③ 地震波干扰作用。当毫秒延时起爆时,由于相邻炮孔存在间距,造成在爆破时间上也存在一个时间间隔,导致在爆炸过程中产生的地震波会互相干扰，以至于扰乱地震波场，减弱爆破引起的地震效应。

分段创造导向孔爆破实验方案：① 实验地点位于 8201 工作面区段运输平巷（8206 工作面区段回风平巷）里程 547～557 m 处（即距工作面开切眼 545～555 m 处），实验长度为 10 m。钻孔采用毫秒延时雷管起爆的预裂爆破方式。② 钻孔深度为 8.5 m，孔间距为 0.5 m；利用 1 段和 5 段雷管进行延时差爆破，1 段雷管延时 0 ms，5 段雷管延时 110 ms；本次实验 16 个孔，每个孔装 4 根聚能管，第 1、3 根聚能管装 5 段雷管，第 2、4 根聚能管装 1 段雷管；聚能管为 BTC-1500 型，封孔长度为 2 m，8 个孔大串联一次起爆。

分段创造导向孔爆破效果分析：通过对钻孔 1 和 8 进行窥视（见图 4-15 和图 4-16），钻孔 1 和钻孔 8 在深度分别为 3 m、5 m、7 m 时，岩体出现了明显的定向裂缝，切顶预裂爆破效果较好。在现场起爆过程中，巷道震动和爆破烟尘也较小，炮孔冲孔率较低，孔周边煤壁炸落的石渣也较少，实验效果较好。

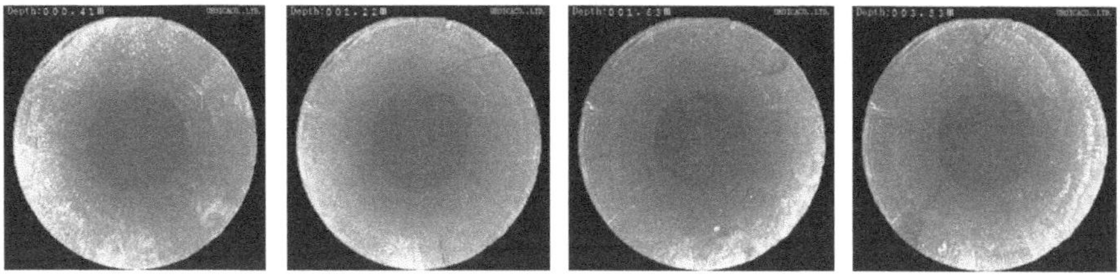

钻孔深度为1 m　　钻孔深度为3 m　　钻孔深度为5 m　　钻孔深度为7 m

图 4-15　钻孔 1 的窥视效果

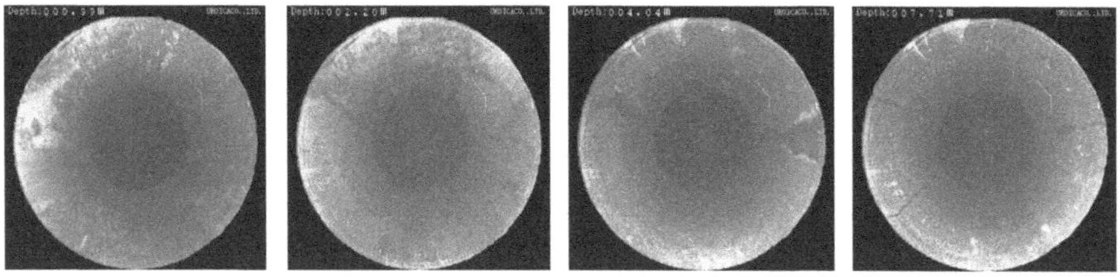

钻孔深度为1 m　　钻孔深度为3 m　　钻孔深度为5 m　　钻孔深度为7 m

图 4-16　钻孔 8 的窥视效果

4.2.2.3 新型D型聚能管爆破实验

新型D型聚能管爆破实验原理[120-121]:D型聚能管材料为抗静电阻燃的PVC,横截面呈D形,聚能管长轴长30 mm、短轴长24 mm,聚能管槽内角距离为18 mm,聚能管外角度为60°。聚能管包括管体以及扣盖,如图4-17所示。

图4-17 新型D型聚能管

新型D型聚能管爆破实验方案:① 实验地点位于8201工作面区段运输平巷(8206工作面区段回风平巷)里程528～538 m处(即距工作面开切眼526～536 m处),实验长度为10 m。② D型聚能管长2 m,采用1段和4段雷管装药,中间孔为1段;采用风动胶枪注药,风压为0.6 MPa;每个孔安装5根聚能管,每根聚能管安装2.5个药卷;聚能管底部安装1卷加强药,封孔长度为2.0 m。新型D型聚能管爆破实验场景如图4-18所示。

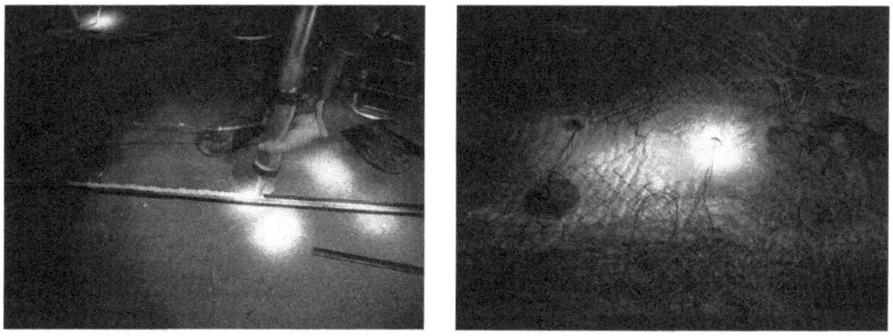

(a) 风动胶枪注药

(b) 连线爆破实景

图4-18 新型D型聚能管爆破实验场景

新型D型聚能管爆破实验效果分析：通过对钻孔3和9进行窥视(见图4-19和图4-20)，钻孔3在深度为1 m时，孔壁完整；在深度为3 m时，孔壁出现了1条裂缝，说明预裂爆破起到了切缝效果；在深度5 m和7 m时，孔壁未出现明显裂缝。钻孔9在深度为1 m时，孔壁完整；在深度为3 m时，孔壁出现了1条裂缝；在深度为5 m和7 m时，孔壁出现了2条定向裂缝。在现场实验时，爆破震动较小，煤壁石渣炸落较少，切缝效果较好。

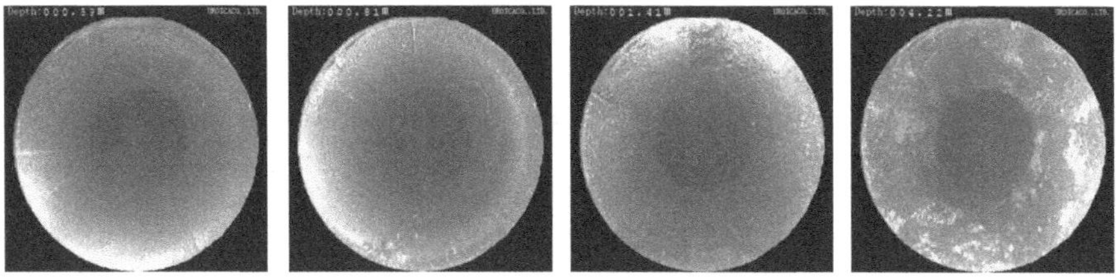

钻孔深度为1 m　　钻孔深度为3 m　　钻孔深度为5 m　　钻孔深度为7 m

图4-19　钻孔3窥视效果图

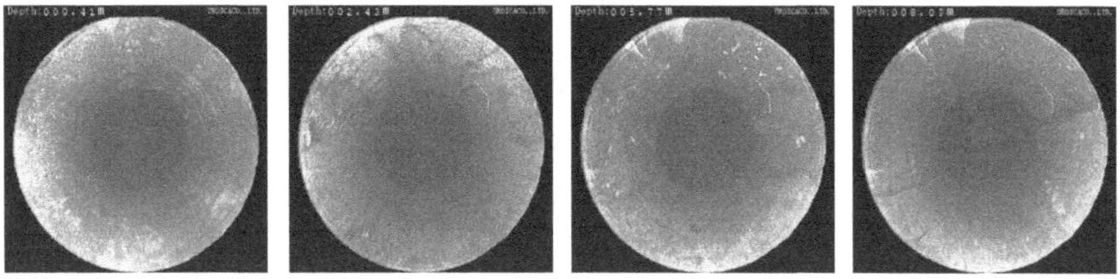

钻孔深度为1 m　　钻孔深度为3 m　　钻孔深度为5 m　　钻孔深度为7 m

图4-20　钻孔9窥视效果图

4.2.3　坚硬顶板三向卸压聚能预裂爆破装置

坚硬顶板切顶预裂爆破难题是采空区内坚硬顶板悬顶，尤其是切顶巷道在留巷过程中由于顶板垮落不充分，致使采空区侧三角悬顶过大，造成巷道顶板离层严重，巷道维护困难[122-125]。D型聚能管、W型聚能管等聚能管爆破装置的研发目的主要是破坏岩体形成双向切缝。双向切缝虽然有效切断了应力传递，但对坚硬顶板的切顶预裂爆破效果不佳，进而导致采空区内时常发生悬顶。因此，研发适合于坚硬顶板切顶预裂爆破的聚能预裂爆破装置尤为重要。

4.2.3.1 原始聚能预裂爆破装置存在的主要问题

（1）原始聚能预裂破岩装置长度过长，导致整个钻孔的装药结构难以调和，尤其是聚能管之间的药卷数量和装药结构的矛盾性，装药量过大对顶板扰动较大，装药量较小又难以有效预裂爆破成缝。聚能预裂爆破装置长度与药卷长度的不匹配性，一定程度上影响了聚能预裂爆破效果。现场施工过程中，1 根聚能管装入若干个药卷后，剩余长度难以装入整个药卷，需要人工截断药卷填入。

（2）原始聚能预裂爆破装置不能有效解决药卷下滑问题。药卷在聚能预裂爆破装置纵向长度上的均匀分布是定向预裂成缝效果优劣的前提。然而，目前的聚能预裂爆破装置难以有效解决此问题，无法阻止人工装炮泥时的药卷震动下滑。因此，需要研发能够对药卷进行有效固位的装置。

（3）聚能管衔接是影响聚能预裂爆破的重要因素。在现场施工中，人工填入聚能预裂爆破装置时，通常为逐根填入。在填入过程中，聚能管之间并不能完全对正，导致了切缝方向的差异性，不能沿钻孔纵向上形成同一方向的切缝，进而影响了切缝的效果。

4.2.3.2 三向卸压聚能预裂爆破装置研发

作者研发了一种适用于坚硬顶板切顶预裂爆破的三向卸压聚能预裂爆破装置，爆破能量沿聚能管凹槽和环形孔对岩体进行拉裂。三向卸压聚能预裂爆破装置能够在三个方向上破坏岩体，其中两个方向平行于巷道走向方向，一个方向垂直于巷道轴向、朝向采空区上覆顶板内部。三向卸压聚能预裂爆破可以使顶板更易垮落，减小了坚硬顶板的放顶步距和采空区内三角悬顶面积，降低了基本顶来压对巷道的侧向冲击强度，巷道处于更佳稳定状态。

如图 4-21 所示，三向卸压聚能预裂爆破装置的长度为 1.6 m，可装入 5 根三级乳化炸药药卷。沿装置杆体，设置有 2 个对向凹槽和 1 排环形孔，呈 90°互相垂直，总体分布为“⊥”形。每隔 0.32 m 设置有固定卡扣，用于固定药卷，防止人工填孔或封孔时的药卷晃动。连接件设有双向凹槽，与杆体的双向凹槽相匹配，防止聚能管互相错动。

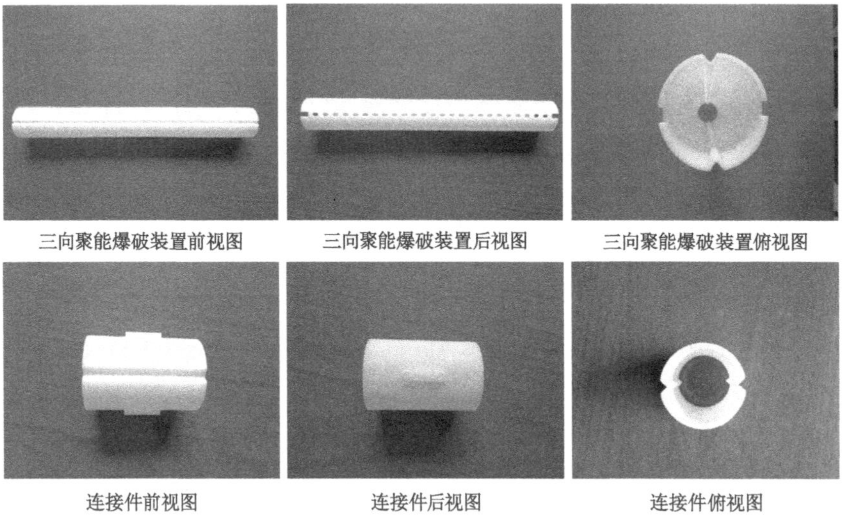

图 4-21　三向卸压聚能预裂爆破装置

三向卸压聚能预裂爆破装置具有以下优点：① 聚能管设计内径方便安装矿用乳化炸药，并且具有一定摩擦阻力，又可以有效阻止安装过程中的药卷下滑。② 聚能管向垂直巷道方向设有 1 排环形孔，可临时用铁丝制作成 U 型卡夹固定药卷，既能有效阻止安设聚能管时的药卷下滑，又能根据现场实际情况灵活增减药卷数量。③ 聚能管连接件能有效连接聚能管，能够使得预裂孔和预裂切槽位于同一对应方向；连接处存在一定阻尼，能有效防止连接后的聚能管脱落；三向卸压聚能预裂爆破装置能有效沿凹槽和环形孔方向对岩石进行拉裂，产生“气楔”效应。④ 三向卸压聚能预裂爆破装置有效降低了留巷侧顶板垮落步距，对巷道扰动影响较小，不易诱发巷道失稳。

4.2.3.3　三向卸压聚能预裂爆破相似模拟实验

为验证三向卸压聚能预裂爆破装置的有效性和可靠性，在 8201 工作面区段运输平巷（8206 工作面区段回风平巷）避难硐室开展了物理相似模拟实验。模拟岩体采用正方体透明亚克力试块，试块长、宽、高都为 150 mm，中间钻孔直径为 15 mm、长度为 110 mm。模拟聚能管采用直径为 10 mm、长度为 70 mm 透明亚克力管，管壁三向打孔，模拟三向卸压聚能预裂爆破装置。亚克力试块与模拟聚能管如图 4-22 所示。

(a) 亚克力试块

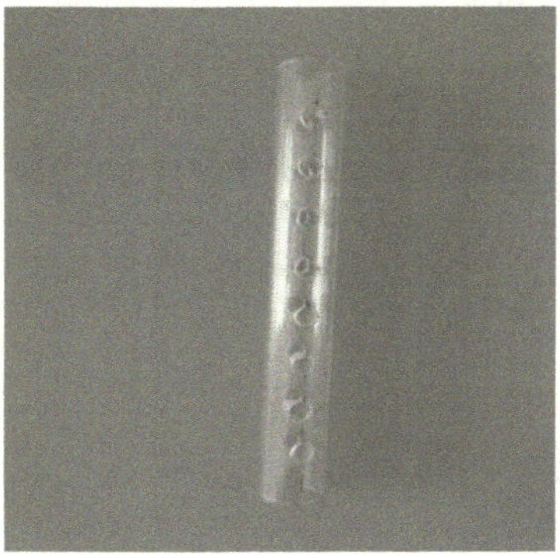

(b) 模拟聚能管

图 4-22 亚克力试块与模拟聚能管

实验过程最大限度地还原了 8201 工作面区段运输平巷(8206 工作面区段回风平巷)切顶预裂爆破过程。将 1 段雷管放入模拟聚能管中,聚能管放置到试块钻孔的中心位置,将雷管脚线延出。装药长度为 70 mm,封孔长度为 40 mm。在试块上标记聚能凹槽和环形孔方向对应的位置。物理相似模拟实验结果如图 4-23 所示。三向卸压聚能预裂爆破装置能有效沿相互垂直的三个方向预裂亚克力试块,实验效果良好。

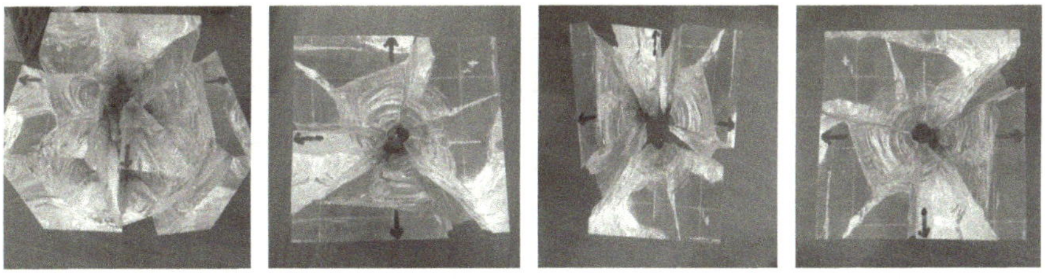

图 4-23 物理相似模拟实验结果

4.2.3.4 三向卸压聚能预裂爆破现场实验

在距 8201 区段工作面开切眼 800 m 处,施工 3 个钻孔进行现场实验。具体参数为:孔间距为 0.5 m,钻孔长度为 9 m,钻孔角度为 10°,装药结构采用 4+4+3+3+2 方式,一次起爆。图 4-24 为三向卸压聚能预裂爆破的钻孔窥视效果(白色箭头代表平行于巷道走向方向,灰色箭头垂直于巷道走向方向、朝向采空区上覆顶板内部),由图可知,三向卸压聚能预裂爆破装置能够有效沿三个方向将岩体预裂成缝,预裂爆破效果良好。

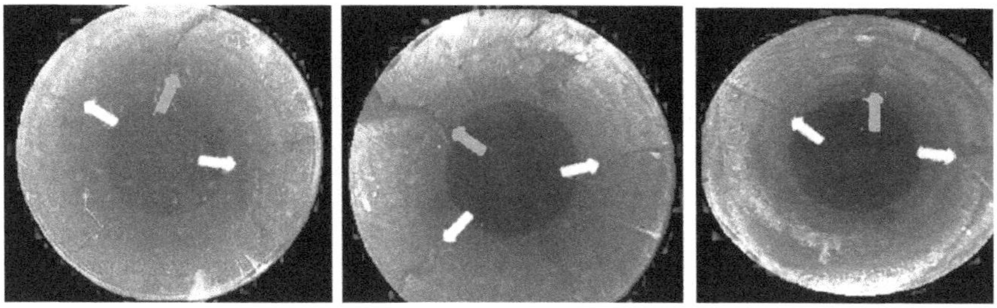

图 4-24 三向卸压聚能预裂爆破的钻孔窥视效果

在考察钻孔窥视效果的基础上,现场考察了采空区内的悬顶情况,实测范围为工作面后方采空区 100 m。采空区 100 m 范围内仅有 3 处面积很小的悬顶,最大悬顶面积仅为 6.72 m^2,最小悬顶面积为 4.60 m^2(见表 4-4),约为使用该装置前悬顶面积平均值的 10%。由此可见,三向卸压聚能预裂爆破装置显著减小了坚硬顶板悬顶面积。

表 4-4 采空区 100 m 范围内悬顶统计情况

序号	距开切眼距离/m	悬顶长度/m	悬顶进深/m	悬顶面积/m^2
1	873	2.3	2.0	4.60
2	925	3.1	1.8	5.58
3	967	2.8	2.4	6.72

4.3 坚硬顶板切顶成巷关键技术研究

4.3.1 坚硬顶板切顶高度分析

4.3.1.1 理论计算

在切顶留巷工程实践中,切顶高度尤为重要。一方面,切顶高度关系到切顶范围内的岩体能否充分垮落，碎胀后能否有效充填采空区，形成易于维护的碎石帮。另一方面，如果切顶高度取值过小，难以切断应力传递，导致巷道矿压显现较大；如果切顶高度过大，切顶卸压效果较好，但也增加了经济成本。因此，需要合理确定切顶高度，以便取得综合效果。结合已有研究成果，给出切顶高度计算公式[19]：

$$H_{QF} = (H_M - \Delta H_1 - \Delta H_2)/(K - 1) \tag{4-2}$$

式中：H_{QF}为切顶高度，m；H_M 为采高，m；ΔH_1 为顶板下沉量，m；ΔH_2 为底鼓量，m；K 为碎胀系数。根据实测参数可知，煤层采高取最大值 3 m，不考虑顶板下沉量和底鼓量，碎胀系数参照直接顶，取值 1.35。通过计算可得切顶高度为 8.57 m。为了减小顶板垮落对巷道的冲击，按照切顶角度 0、5°、10°、15°、25°分别计算得出切顶高度取值范围为 8.57～9.46 m。

4.3.1.2 数值模拟分析

切顶高度为 7 m、9 m、12 m 的垂直应力与垂直位移分布如图 4-25 所示。当切顶高度为 7 m 时，应力集中区主要分布在切顶巷道实体煤上方顶板，呈“楔形”由下而上分布，应力峰值约为 27 MPa。靠近切顶帮上方的顶板，应力峰值约为 10 MPa。切缝两侧的应力分布具有明显的分区性，切缝侧应力低、实体煤侧应力高，但没有完全切断应力传递。此类切顶情形对巷道实体煤帮以及靠近实体帮上方顶板的影响较大。从垂直位移也可看出，切顶巷道顶板下沉量较大，不利于顶板维护。

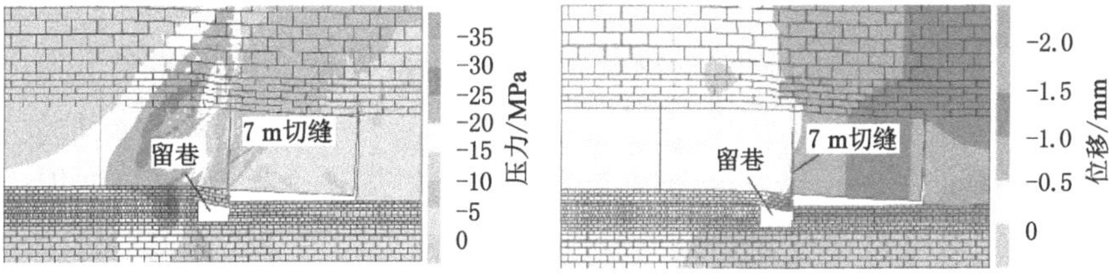

垂直应力云图　　位移云图

(a) 切顶高度为7 m

图 4-25 切顶高度为 7 m、9 m、12 m 时的垂直应力与垂直位移分布

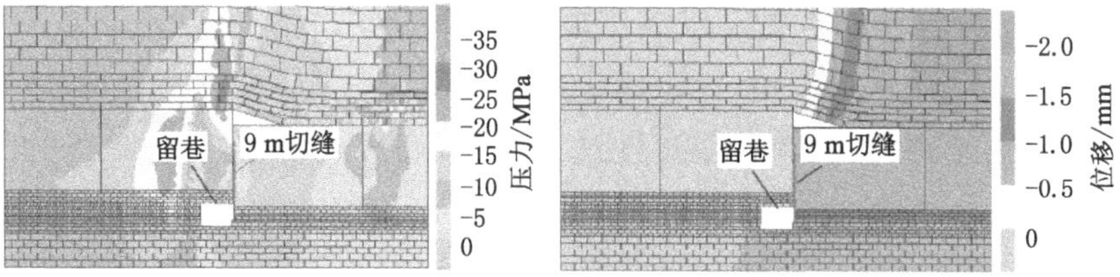

垂直应力云图　　位移云图

(b) 切顶高度为9 m

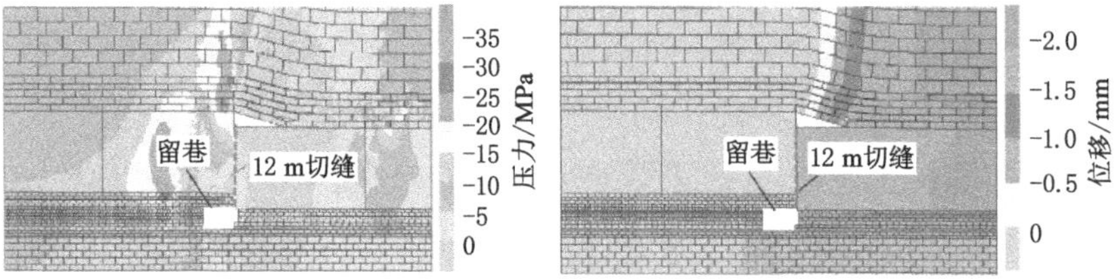

垂直应力云图　　位移云图

(c) 切顶高度为12 m

图 4-25(续)

当切顶高度为 9 m 时,垂直应力集中分布范围及大小显著减小,主要分布在靠近实体煤帮上方顶板以及巷道中部上方顶板,垂直应力约为 22 MPa。直接顶和基本顶直接垮落于采空区,形成碎石帮。切缝侧上方顶板的垂直应力显著降低,而垂直应力较为集中的区域向采空区内部转移。此时的巷道垂直位移很小,顶板下沉主要在切顶侧的顶板。

当切顶高度为 12 m 时,垂直应力集中分布范围及大小继续减小,垂直应力约为 20 MPa。直接顶和基本顶仍然直接垮落于采空区。切顶侧上方顶板的垂直应力较小。从垂直位移来看,切顶巷道顶板下沉并不明显。切顶侧的顶板继续下沉且下沉范围扩大。

切顶高度为 9 m 和 12 m 时,切断了巷道上方应力传递,利于维护切顶巷道。切顶高度由 9 m 增加至 12 m 时,垂直应力与位移变化较小。

综上分析,将切顶高度定为 9 m。

4.3.2 坚硬顶板切顶角度分析

4.3.2.1 理论计算

切顶角度是切顶留巷的另一重要参数,合理的切顶角度应尽可能减小顶板垮落对巷道的动力冲击。结合已有研究成果，切顶角度采用如下公式计算[19]：

$$\beta = \frac{\pi}{2} - \arctan \frac{L_Y - L_H}{H_M} \tag{4-3}$$

式中：β 为切顶角度，(°)；L_Y 为周期来压步距，m；L_H 为巷道宽度，m；H_M 为煤层采高，m。

根据现场实测数据，可知 8201 工作面周期来压步距为 18 m，巷道宽度为 5.2 m，煤层采高取最大值 3 m。通过公式计算得出切顶角度为 13.2°。

4.3.2.2 数值模拟分析

为确定合理的切顶角度，分别建立了切顶角度为 5°、15°、25°的数值计算模型。由图 4-26 可知：当切顶角度分别为 5°、15°、25°时，巷道周围的应力场分布并无显著区别，巷道上部顶板因切顶均处于卸压状态，不同之处在于切顶范围之上的顶板应力分布。当切顶角度为 5°时，垂直应力最大值可达 49.3 MPa；当切顶角度为 15°时，垂直应力最大值减小至 43.2 MPa；当切顶角度为 25°时，垂直应力继续减小至 38.7 MPa。由此可见，随着切顶角度的增大，切顶范围以上顶板的垂直应力逐渐减小。综合考虑现场施工成本和理论分析结果，最终确定切顶角度为 15°。

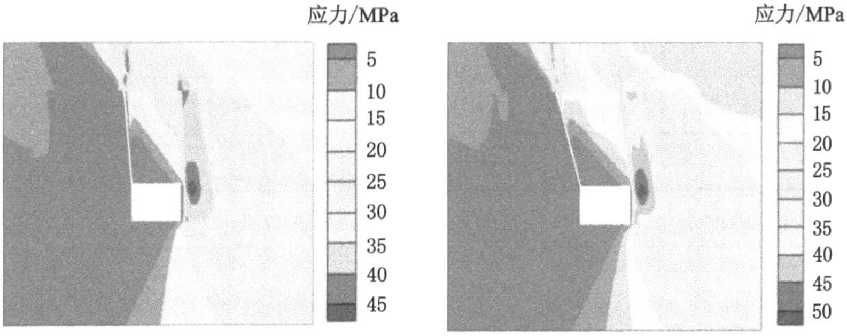

(a) 切顶角度为5°　　(b) 切顶角度为15°

图 4-26　切顶角度分别为 5°、15°和 25°的垂直应力分布

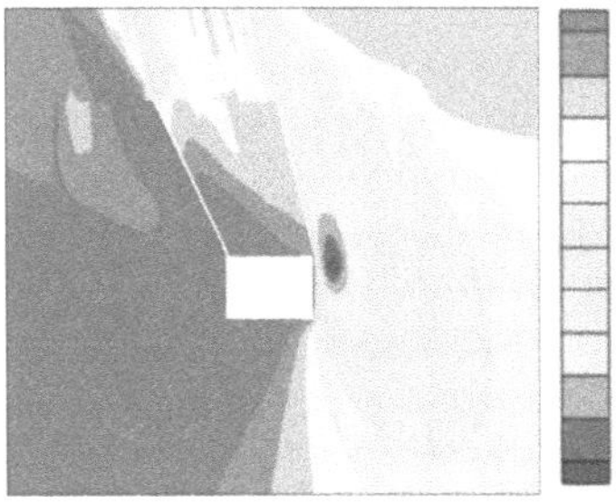

(c) 切顶角度为25°

图 4-26(续)

4.3.3 坚硬顶板切顶预裂爆破关键参数研究

4.3.3.1 切顶预裂爆破分区

为掌握 8201 工作面区段运输平巷(8206 工作面区段回风平巷)切顶预裂爆破关键参数,将 8201 工作面区段运输平巷(8206 工作面区段回风平巷)分为 3 个切顶预裂爆破分区,见表 4-5。

表 4-5 切顶预裂爆破分区

序号	范围/m	孔间距/m	切顶高度/m	切顶角度/(°)
1	终采线至 600 m	0.5	8.1	15
2	600 m 至 200 m	0.5	9.0	15
3	200 m 至开切眼	0.5	10.3	15

4.3.3.2 切顶预裂爆破关键参数分析

在确定切顶高度和切顶角度后,需要研究单孔装药量、装药结构和起爆孔数量,以便达到较好的切顶预裂爆破效果。在 3 个切顶预裂爆破分区分别开展了切顶预裂爆破实验,实验长度为 10 m,每个实验段开展 5 次爆破实验。装药结构示意如图 4-27 所示。

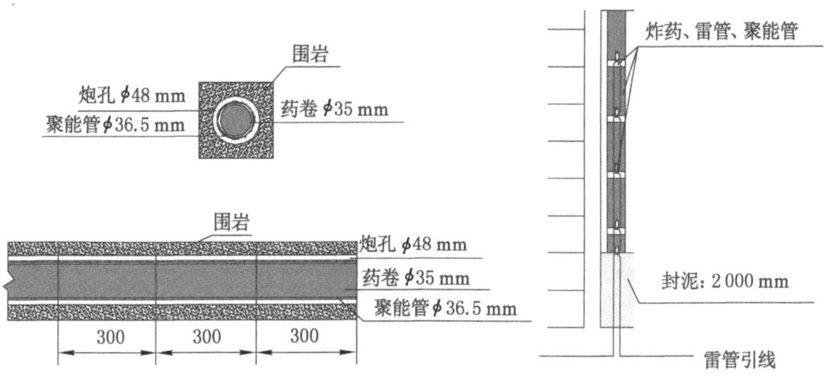

图 4-27　装药结构示意图

4.3.4　坚硬顶板切顶成巷现场实验效果分析

切顶预裂爆破 1 分区方案:每次起爆炮孔数为 3 个,装药优选结构为 4+3+3+1,孔间距为 500 mm,封孔优选长度为 2.4 m(见表 4-6)。典型钻孔窥视效果如图 4-28(a)所示。

表 4-6　各分区切顶爆破实验方案

分区	孔间距/mm	爆破方式	聚能管结构	装药结构	封孔长度/m
1	500	单孔	1.5+1.5+1.5+1.5	2+2+2+1	2.4
	500	单孔	1.5+1.5+1.5+1.5	3+2+2+1	2.4
	500	单孔	1.5+1.5+1.5+1.5	3+3+3+1	2.4
	500	单孔	1.5+1.5+1.5+1.5	4+3+3+1	2.4
	500	单孔	1.5+1.5+1.5+1.5	4+4+3+1	2.4
2	500	单孔	1.5+1.5+1.5+1.5+0.5	2+2+2+1+1	2.7
	500	单孔	1.5+1.5+1.5+1.5+0.5	3+2+2+2+1	2.7
	500	单孔	1.5+1.5+1.5+1.5+0.5	3+3+2+2+1	2.7
	500	单孔	1.5+1.5+1.5+1.5+0.5	3+3+3+2+1	2.7
	500	单孔	1.5+1.5+1.5+1.5+0.5	4+3+3+2+1	2.7

表 4-6(续)

分区	孔间距/mm	爆破方式	聚能管结构	装药结构	封孔长度/m
3	500	单孔	1.5+1.5+1.5+1.5+1.5	2+2+2+2+1	2.8
	500	单孔	1.5+1.5+1.5+1.5+1.5	3+2+2+2+1	2.8
	500	单孔	1.5+1.5+1.5+1.5+1.5	3+3+2+2+1	2.8
	500	单孔	1.5+1.5+1.5+1.5+1.5	4+3+3+2+1	2.8
	500	单孔	1.5+1.5+1.5+1.5+1.5	4+4+3+3+2	2.8

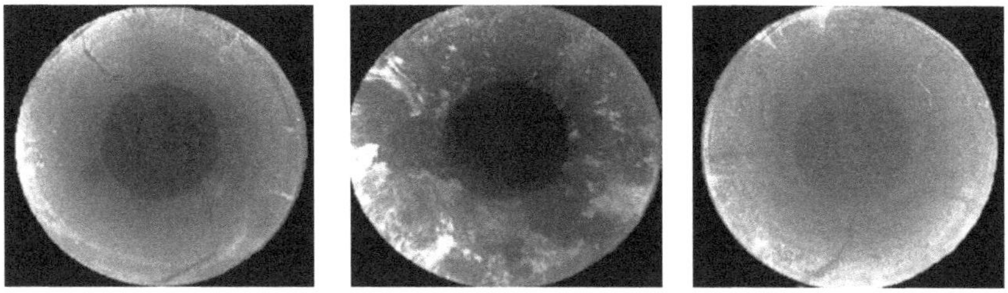

(a) 1分区钻孔窥视效果

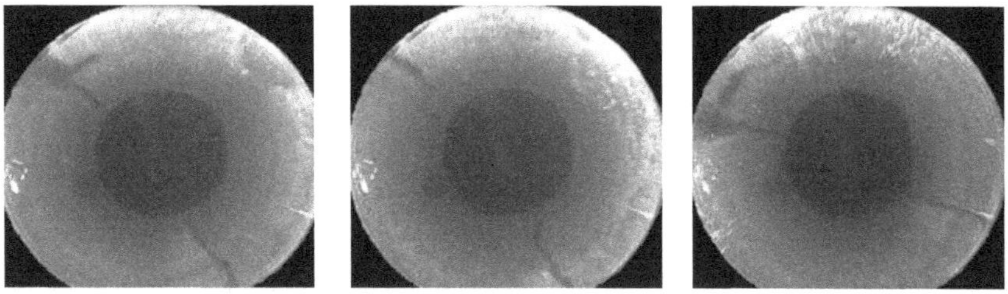

(b) 2分区钻孔窥视效果

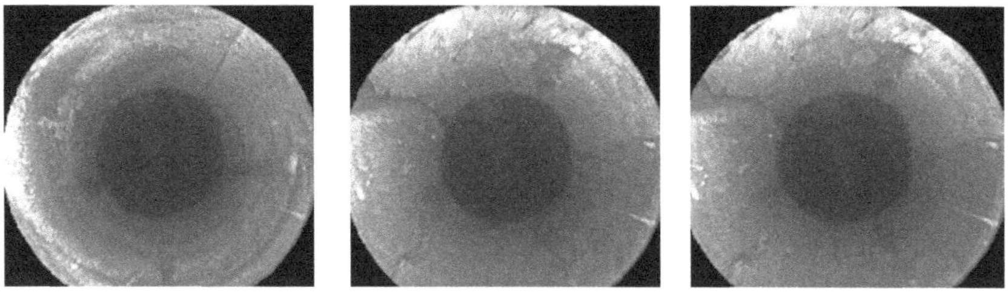

(c) 3分区钻孔窥视效果

图 4-28 各分区切顶爆破的钻孔窥视效果

切顶预裂爆破 2 分区方案：每次起爆炮孔数为 3 个，装药优选结构为 4+3+3+2+1，孔间距为 500 mm，封孔优选长度为 2.7 m。典型钻孔窥视效果如图 4-28(b)所示。

切顶预裂爆破 3 分区方案：每次起爆炮孔数为 3 个，装药优选结构为 4+4+3+3+2，孔间距为 500 mm，封孔优选长度为 2.8 m。典型钻孔窥视效果如图 4-28(c)所示。

通过开展以上现场实验，切顶预裂爆破关键参数确定为：切顶高度为 9 m，切顶角度为 15°，装药结构为 4+4+3+3+2，单次起爆炮孔数为 3 个，封孔长度为 2.8 m。

4.4 本章小结

(1) 数值模拟对比分析了单孔聚能爆破和双孔聚能爆破效果，验证了岩体在聚能爆破劈裂作用下能够有效破裂成缝。研究了双孔在聚能预裂爆破时的裂纹延伸规律和压应力传播规律。压应力以“压应力环”形态向岩体内部传播，随着“压应力环”半径与应力集中程度持续增大，裂纹持续向孔间岩体贯通，裂纹延伸与“压应力环”传播紧密相关。

(2) 对比分析了孔间距分别为 400 mm、500 mm、600 mm 时的裂纹延伸贯通规律和压应力传播规律。孔间距为 400 mm 时，应力叠加作用强，裂纹延伸贯通速度快；孔间距为 500 mm 时，裂纹贯通与成缝效果好；孔间距为 600 mm 时，应力叠加作用较弱，裂纹无法贯通。研究结果为确定切顶孔间距提供了理论依据。

(3) 针对坚硬顶板条件下无煤柱开采过程中，采空区内因切顶预裂爆破效果不佳造成的大面积悬顶难题，为克服双向聚能预裂爆破装置的局限性，采用物理相似模拟实验与现场实验相结合的手段，研发一种用于坚硬顶板切顶的三向卸压聚能预裂爆破装置。

(4) 数值模拟研究了切顶高度分别为 7 m、9 m、11 m 时的围岩应力场、位移场分布特征，以及切顶角度分别为 5°、15°、25°的围岩应力场、位移场分布特征，确定切顶高度为 9 m、切顶角度为 15°。现场开展了不同装药结构、封孔长度、起爆方式的切顶实验，装药结构为 4+4+3+3+2 方式、单次起爆炮孔数为 3 个、封孔长度为 2.8 m 时，切顶效果良好。

5 坚硬顶板切顶留巷围岩结构失稳机理

本章基于切顶留巷帮部煤岩体破坏特征，建立了考虑切顶留巷实体煤帮煤体峰前、峰后及残余变形阶段的稳定性分析力学模型，以及考虑切顶留巷碎石帮形成前后的稳定性分析力学模型。明晰了基本顶结构断裂位置分别位于切顶巷道上方，切顶侧采空区上方、实体煤帮上方的围岩力学环境及其对切顶留巷围岩破坏的影响特征。探究了坚硬顶板切顶留巷“顶-帮”互馈过程，建立了切顶留巷围岩系统稳定性理论计算模型。阐明了坚硬顶板切顶留巷围岩破坏失稳机理，为围岩科学控制指明了方向。

5.1 坚硬顶板切顶留巷围岩稳定性分析

5.1.1 坚硬顶板切顶留巷帮部稳定性分析

坚硬顶板切顶留巷帮部在围岩结构中发挥着“承上启下”的重要作用，向上承载巷道上覆顶板载荷，向下作为传播路径将应力传递至下伏底板，是切顶留巷围岩稳定性的重要组成部分。因此，在无煤柱开采切顶留巷工程实践中，维持碎石帮和实体煤帮围岩稳定性对保持巷道围岩结构整体稳定性具有重要的现实意义。根据切顶留巷碎石帮和实体煤帮的力学环境，在全面考虑巷帮煤岩体变形特征的同时，分析了切顶留巷碎石帮和实体煤帮在全应力应变路径下的帮部煤岩体变形特征。在已有研究成果基础上[126-127]，充分考虑煤岩体“峰前弹性”“峰后软化”“残余变形”三个阶段，构建了切顶留巷碎石帮和实体煤帮的力学模型，巷道帮部划分更加符合工程实际。

5.1.1.1 切顶留巷实体煤帮围岩稳定性分析

切顶留巷在采掘期间，受开挖卸荷影响，应力转移释放并导致巷帮围岩表面发生塑性破坏。巷帮煤岩体在向巷道空间内外鼓过程中，界面条件为煤-岩界面。煤层相对顶底板鼓出过程属于典型的界面压剪滑移破坏。巷帮煤岩体依次划分为破碎区、塑性区、弹塑性过渡区、弹性区。已有研究成果表明，煤岩体剪切应力变化与煤岩体变形程度紧密相关，弹性阶段的剪切应力随煤岩体变形增加而持续增大，峰后软化阶段随煤岩体变形增加而减小，最后进入剪应力恒定阶段[128-131]。基于切顶留巷实体煤帮煤体剪切破坏特征，并假设煤体与顶底板交界面处的抗剪强度随煤体外鼓位移量增大而不断降低，则破碎区与塑性区剪切应力的表达式为：

$$\tau_s(x)=\tau_e+\xi[u(x)-u_e] \quad u_e \leqslant x \leqslant u_r \tag{5-1}$$

$$\tau_p(x)=\tau_r \quad x>u_r \tag{5-2}$$

式中：u_r 是煤体初始参与位移量；u_e 是煤体处于极限剪切破坏时的位移量；τ_e 是巷帮煤体极限剪切强度；τ_r 是巷帮煤体残余剪切强度；ξ 是煤体与顶底板界面软化系数。τ_e、τ_r、ξ 可以通过室内力学实验测定获得。

根据已有研究成果可知[127]，假设煤岩体与顶底板界面切向刚度为 K_e，界面剪应力随巷帮鼓出位移增加而线性增大，则巷帮鼓出位移大小可表示为：

$$u_e=-\frac{1}{K_e}(\tau_{zm}\tan\varphi_0+c_0) \tag{5-3}$$

塑性区内煤岩体任意一点水平位移、水平应力和界面剪切应力由下式给出：

$$u_s(x)=\frac{e^{a(x-x_2)}}{2}\left(\frac{\lambda\tau_{zm}}{E\alpha}+\frac{\tau_e}{\xi}\right)+\frac{e^{a(x_2-x)}}{2}\left(-\frac{\lambda\tau_{zm}}{E\alpha}+\frac{\tau_e}{\xi}\right)+u_e-\frac{\tau_e}{\xi} \tag{5-4}$$

$$\sigma_s(x)=\frac{e^{a(x-x_2)}}{2}\left(\lambda\tau_{zm}+\frac{\tau_e}{E\alpha\xi}\right)-\frac{e^{a(x_2-x)}}{2}\left(-\lambda\tau_{zm}+\frac{\tau_e}{E\alpha\xi}\right) \tag{5-5}$$

$$\tau_s(x)=\frac{e^{a(x-x_2)}}{2}\left(\frac{\lambda\tau_{zm}\xi}{E\alpha}+\tau_e\right)+\frac{e^{a(x_2-x)}}{2}\left(-\frac{\lambda\tau_{zm}\xi}{E\alpha}+\tau_e\right) \tag{5-6}$$

式中：τ_{zm} 为实体煤帮内部上方应力峰值；λ 为侧压系数；ξ 是煤体与顶底板界面软化系数；u_e 是煤体处于极限剪切破坏时的位移量；τ_e 是巷帮煤体极限剪

切强度。

进一步求得包括破碎区、塑性区等极限平衡区宽度 x_2 的函数方程为：

$$w(x_2)=\frac{1}{2e^{ax_2}}\left(\frac{\lambda\tau_{zm}}{E\alpha}+\frac{\tau_e}{\xi}\right)-\frac{1}{2e^{-ax_2}}\left(-\frac{\lambda\tau_{zm}}{E\alpha}+\frac{\tau_e}{\xi}\right)-\frac{F_i}{\xi} \tag{5-7}$$

根据莫尔-库仑强度理论，可得极限平衡区的垂直应力为：

$$\sigma_y(x)=\frac{e^{a(x-x_2)}}{2\tan\varphi_0}\left(\frac{\lambda\tau_{zm}\xi}{E\alpha}+\tau_e\right)+\frac{e^{a(x_2-x)}}{2\tan\varphi_0}\left(-\frac{\lambda\tau_{zm}\xi}{E\alpha}+\tau_e\right)-C_0 \tag{5-8}$$

结合图 5-1 切顶留巷实体煤帮力学计算模型，取宽度为 dx 的煤岩体微元，高度为 h，顶底部界面受竖向正应力与剪切应力作用，两侧受水平正应力作用。根据应力平衡，可得：

$$h(F_i+dF_i)=2\tau_p dx(dx)+hF_i \tag{5-9}$$

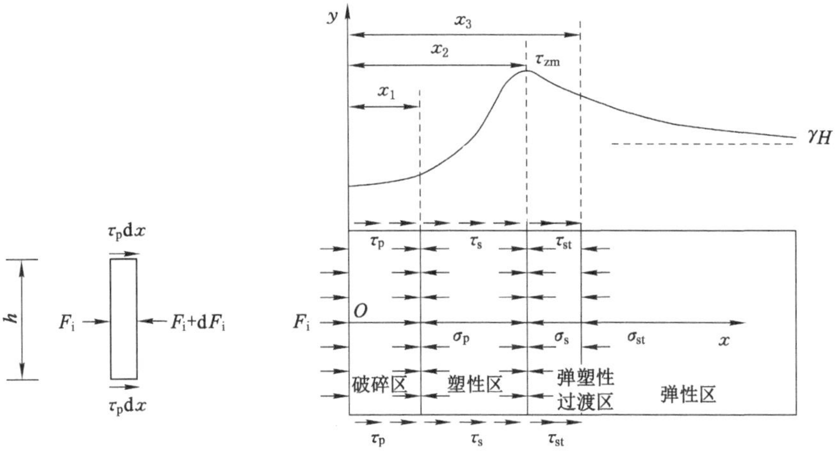

图 5-1 切顶留巷实体煤帮力学模型

整理可得：

$$\frac{dF_i}{dx}=\frac{2\tau_p dx}{h} \tag{5-10}$$

由上式得出破碎区煤体微元平衡方程：

$$h\frac{d\sigma_p dx}{dx}=2\tau_p dx \tag{5-11}$$

由图 5-1 可知，破碎区内煤体剪切应力为残余剪切应力 $\sigma_p dx=\tau_r$。即式(5-11)可表示为：

$$h\frac{\mathrm{d}\sigma_{\mathrm{p}}\mathrm{d}x}{\mathrm{d}x}=2\tau_{\mathrm{r}} \tag{5-12}$$

则破碎区水平应力通解可表示为：

$$\sigma_{\mathrm{p}}(x)=\frac{2\tau_{\mathrm{r}}}{h}x+C_{\mathrm{p}} \tag{5-13}$$

破碎区边界条件为：

$$u_{\mathrm{p}}(x=x_1)=u_{\mathrm{s}}(x=x_1) \tag{5-14}$$

$$\sigma_{\mathrm{p}}(x=0)=F_{\mathrm{i}} \tag{5-15}$$

根据式(5-14)与式(5-15)求得破碎区内煤体位移、水平应力解析解为：

$$u_{\mathrm{p}}(x)=\frac{\tau_{\mathrm{r}}}{h}x^2+F_{\mathrm{i}}+u_{\mathrm{s}}(x_1)-\frac{\tau_{\mathrm{r}}}{h}x_1^2-Fx_1 \tag{5-16}$$

$$\sigma_{\mathrm{p}}(x)=\frac{2\tau_{\mathrm{r}}}{h}x+F_{\mathrm{i}} \tag{5-17}$$

5.1.1.2 切顶留巷碎石帮围岩稳定性分析

切顶留巷碎石帮围岩稳定性对无煤柱开采工作面巷道围岩结构的整体稳定性起着关键性作用。切顶留巷靠近本工作面一侧帮部在采掘期间经历两个阶段：① 第一阶段，即切顶留巷本巷道掘进阶段。此阶段巷道帮部与实体煤侧帮部围岩破坏趋势一致，深入工作面内部依次可分为破碎区、塑性区、弹塑性过渡区、弹性区。② 第二阶段，即切顶留巷本巷道在本区段工作面回采阶段。此阶段靠近工作面一侧的实体煤帮因切顶预裂爆破和工作面回采后，实体煤帮被碎石帮取而代之。该阶段内，切顶留巷碎石帮深入工作面内部可分为破碎区、塑性区、弹塑性过渡区(悬顶区)、弹性区。区别于原有实体煤帮，碎石帮深入工作面内部的破碎区、塑性区、弹塑性过渡区(悬顶区)、弹性区的范围发生了改变，破碎区、塑性区的范围显著增加。因切顶卸压作用，实体煤帮内部上方应力峰值 τ_{qm} 向工作面内部转移，相应的破碎区、塑性区处于卸压区，塑性区以里的悬顶区为应力升高区。切顶留巷回采期间碎石帮力学模型如图 5-2 所示。

切顶留巷碎石帮侧向压力与靠近碎石帮侧的采空区矸石垮落过程紧密相关，依次经历矸石初期垮落阶段、中期压实阶段、后期垮落稳定阶段。矸

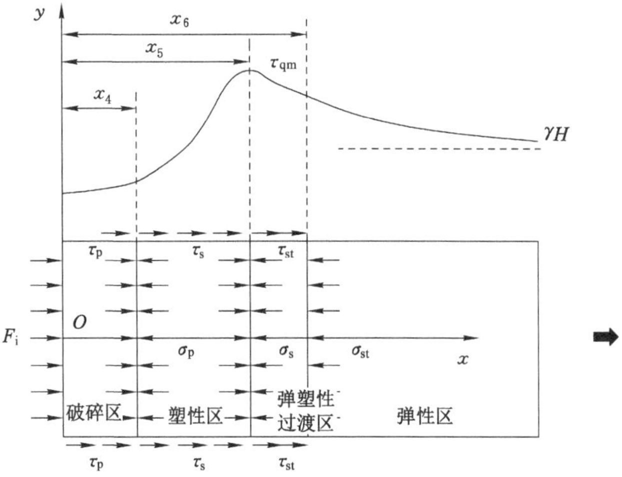

(a) 切顶留巷掘进期间

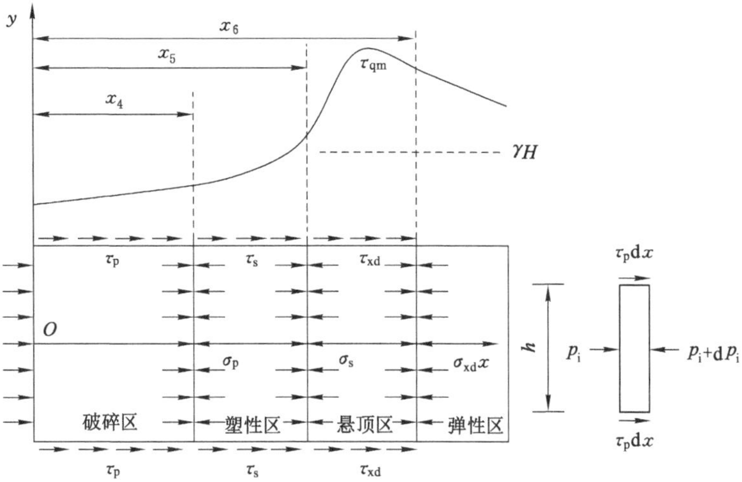

(b) 切顶留巷回采期间

图 5-2 切顶留巷碎石帮力学模型

石帮支护结构体损毁往往与矸石垮落对帮部侧向冲击(即总侧向压力 p_i)有关。参考已有文献[132-133],进一步推导可得作用于碎石帮支护结构面上的总侧向压力为:

$$p_{\mathrm{i}} = \int_0^{H_z} \sigma_{\mathrm{h}} \mathrm{d}z \tag{5-18}$$

其中：

$$\sigma_{\mathrm{h}} = \eta\left\{\left[q' - \frac{\gamma h[\cos\theta\cos\alpha\sin(\theta-\varphi)]}{\sin\theta\cos(\theta-\varphi-\alpha) - 2\cos\theta\cos\alpha\sin(\theta-\varphi)}\right]\left(\frac{h-z}{h}\right)^{\frac{\eta\sin\theta\cos(\theta-\varphi-\alpha)}{\cos\theta\cos\alpha\sin(\theta-\varphi)}-1}\right\} + \frac{\gamma(h-z)[\cos\theta\cos\alpha\sin(\theta-\varphi)\}}{\sin\theta\cos(\theta-\varphi-\alpha) - 2\cos\theta\cos\alpha\sin(\theta-\varphi)} \tag{5-19}$$

式中：p_{i} 为作用于矸石帮支护结构面上的总侧向压力；σ_{h} 为碎石帮支护结构面任意位置的侧向压力；H_z 为侧向压力作用总高度；η 为碎石帮支护结构面的侧向压力系数；q'为作用在矸石体表面的载荷（表面高度为侧向压力作用总高度）；γ 为裂面下碎石对滑裂面上碎石产生的垂直于滑裂面的反力；h 为采高；θ 为滑裂面与水平面夹角；α 为预裂切缝面与竖直方向夹角；φ 为碎石堆积体摩擦角；z 为矸石载荷作用面与矸石内部某作用面之间的距离。

针对碎石帮，碎石帮碎石与顶底板发生相对滑移剪切破坏发生于矸石初期垮落阶段，此时碎石帮碎石与顶底板界面的剪应力关系可由下式表达：

$$\tau_{\mathrm{s}}(x) = \tau_{\mathrm{s0}} + \xi[u(x) - u_{\mathrm{s0}}] \quad u_{\mathrm{s0}} \leqslant x \leqslant u_{\mathrm{r}} \tag{5-20}$$

$$\tau_{\mathrm{p}}(x) = \tau_{\mathrm{r}} \quad x > u_{\mathrm{r}} \tag{5-21}$$

式中：u_{r} 是碎石垮落稳定后位移量；u_{s0} 是碎石初始垮落后位移量；τ_{s0} 是巷帮碎石初始垮落时的剪切强度；τ_{r} 是碎石垮落稳定后残余剪切强度；ξ 是碎石体与顶底板界面软化系数。

切顶留巷靠近工作面一侧顶板经切顶预裂爆破后，由巷道碎石帮向工作面内部一定距离内的覆岩体得到卸压，煤体内部的应力峰值向深处转移，位置转移至悬顶区，此时应力峰值大小为 τ_{qm}。碎石帮侧水平位移、水平应力和界面剪切应力由下式给出：

$$u_{\mathrm{s}}(x) = \frac{\mathrm{e}^{a(x-x_5)}}{2}\left(\frac{\lambda\tau_{\mathrm{qm}}}{E\alpha} + \frac{\tau_{\mathrm{s0}}}{\xi}\right) + \frac{\mathrm{e}^{a(x_5-x)}}{2}\left(-\frac{\lambda\tau_{\mathrm{qm}}}{E\alpha} + \frac{\tau_{\mathrm{s0}}}{\xi}\right) + u_{\mathrm{s0}} - \frac{\tau_{\mathrm{s0}}}{\xi} \tag{5-22}$$

$$\sigma_{\mathrm{s}}(x) = \frac{\mathrm{e}^{a(x-x_5)}}{2}\left(\lambda\tau_{\mathrm{qm}} + \frac{\tau_{\mathrm{s0}}}{E\alpha\xi}\right) - \frac{\mathrm{e}^{a(x_5-x)}}{2}\left(-\lambda\tau_{\mathrm{qm}} + \frac{\tau_{\mathrm{s0}}}{E\alpha\xi}\right) \tag{5-23}$$

$$\tau_{\mathrm{s}}(x) = \frac{\mathrm{e}^{a(x-x_5)}}{2}\left(\frac{\lambda\tau_{\mathrm{qm}}\xi}{E\alpha} + \tau_{\mathrm{s0}}\right) + \frac{\mathrm{e}^{a(x_5-x)}}{2}\left(-\frac{\lambda\tau_{\mathrm{qm}}\xi}{E\alpha} + \tau_{\mathrm{s0}}\right) \tag{5-24}$$

式中：τ_{qm}为碎石帮向工作面内部的上方应力峰值；λ 为侧压系数；ξ 是碎石帮

与顶底板界面软化系数；u_{s0}是碎石初始垮落后位移量；τ_{s0}是巷帮碎石初始垮落时的剪切强度。

进一步地求得包括破碎区、塑性区等极限平衡区宽度 x_5 的函数方程为：

$$w(x_5)=\frac{1}{2e^{ax_0}}\left(\frac{\lambda\tau_{qm}}{E\alpha}+\frac{\tau_{s0}}{\xi}\right)-\frac{1}{2e^{-ax_5}}\left(-\frac{\lambda\tau_{qm}}{E\alpha}+\frac{\tau_{s0}}{\xi}\right)-\frac{p_i}{\xi} \tag{5-25}$$

根据莫尔-库仑强度理论，可得极限平衡区的垂直应力为：

$$\sigma_y(x)=\frac{e^{a(x-x_5)}}{2\tan\varphi_0}\left(\frac{\lambda\tau_{qm}\xi}{E\alpha}+\tau_{s0}\right)+\frac{e^{a(x_5-x)}}{2\tan\varphi_0}\left(-\frac{\lambda\tau_{qm}\xi}{E\alpha}+\tau_{s0}\right)-C_0 \tag{5-26}$$

5.1.2 坚硬顶板切顶留巷顶板围岩应力环境

工程实践中发现坚硬顶板切顶留巷围岩整体破坏特征表征为：靠近切顶侧的顶板下沉和巷道底鼓相较于实体煤侧更为严重，即沿空留巷围岩破坏表征出不对称破坏趋势[134-135]。因而，切顶侧顶板和碎石帮对巷道围岩结构系统的稳定性发挥着关键作用。分析切顶侧顶板和碎石帮在采掘期间的稳定性以及研究上覆岩层结构影响下的切顶留巷围岩失稳机理尤为重要。

本节通过对比分析基本顶结构关键块体与切顶留巷相对位置时的围岩应力环境，为阐明切顶留巷围岩失稳破坏机理奠定理论基础。依据基本顶破断结构与切顶留巷的相对位置，归纳为基本顶结构断裂位置位于切顶留巷巷道上方、基本顶结构断裂位置位于实体煤帮上方、基本顶结构断裂位置位于切顶侧采空区上方。下面对这三种不同情形的切顶留巷围岩破坏特征进行探究。

5.1.2.1 基本顶结构断裂位置位于切顶留巷巷道上方

基本顶结构断裂位置位于切顶留巷巷道上方如图 5-3 所示。此类情形下的切顶留巷巷道切顶侧的碎石帮处于上区段工作面基本顶周期破断的弧形三角块体下方，切顶留巷实体煤帮处于本区段工作面基本顶未破断结构下方。当本工作面回采时，本工作面基本顶发生周期破断，从而再次扰动上区段工作面基本顶周期破断时弧形三角块体的稳定性，进一步加剧了弧形三角块体的破坏。多边弧形关键块体 E 及其上覆岩层载荷以给定载荷形式作用于切顶留巷巷道，对碎石帮产生侧向挤压作用力，造成碎石帮外鼓，形成挡矸支护结构损毁的具体表征。实体煤帮一侧的侧向支承压力与B区域超前支承压力叠加共同作用于实体煤帮，造成实体煤侧片帮、底板鼓起等现象。本工作面基本顶周期破断形成的结构块体与弧形三角块体之间仅靠块体间铰接保持稳定，当满足临界失稳条件时，本工作面基本顶周期破断结构块体与上区段弧形三角块体共同作用，以给定载荷形式作用于巷道顶板，造成顶板严重下沉。因此，此种情形下的围岩控制重点难以把握，对巷道围岩控制极为不利，需全面统筹顶板、实体煤帮、碎石帮的围岩控制。

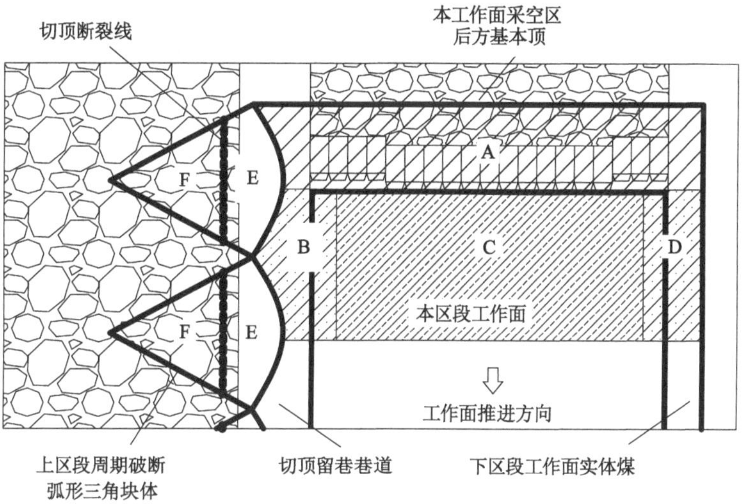

图 5-3 基本顶结构断裂位置位于切顶留巷巷道上方

5.1.2.2 基本顶结构断裂位置位于实体煤帮上方

基本顶结构断裂位置位于切顶留巷实体煤帮上方如图 5-4 所示。此种情形下，切顶留巷巷道处于上区段工作面基本顶周期破断弧形三角块体下方，具体是处于多边弧形关键块体 E 下方。本区段工作面回采时，基本顶周期破断前形成的悬顶区域 A 所受作用力，以弹性能形式破坏本工作面基本顶周期破断结构与多边弧形关键块体 E 之间的铰接关系，悬顶区域 A 范围内的基本顶结构破断时，将联动采空区范围内的多边弧形关键块体 E 回转下沉，导致部分多边弧形关键块体 E 破断失稳，但无法扰动整个多边弧形关键块体 E。因此也就无法将悬顶区域 A 的覆岩载荷及其上覆载荷传递至切顶留巷围岩。同时,区域B形成的侧向支承压力与悬顶区域A形成的超前支承压力,共同叠加形成支承压力,其作用区域主要位于区域A与B的交界处,可能造成推采面切割煤壁片帮。因叠加载荷距切顶留巷实体煤帮有一定距离,因此对实体煤帮围岩作用并不显著。

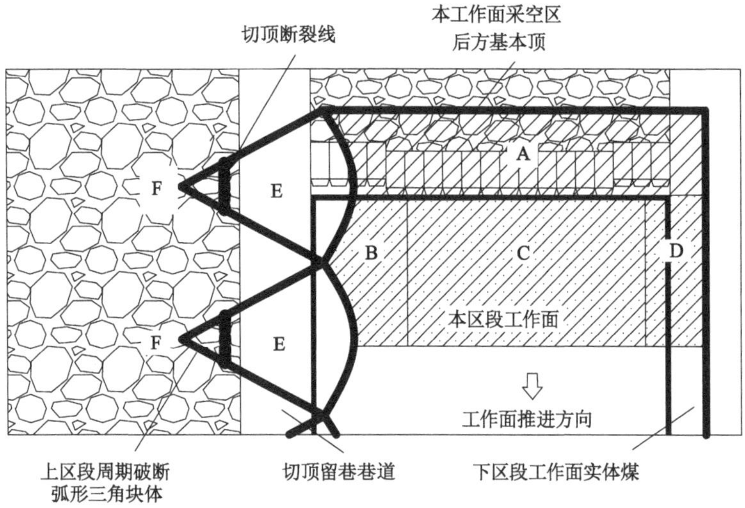

图 5-4　基本顶结构断裂位置位于实体煤帮上方

切顶留巷顶板处于多边弧形关键块体E下方,E以悬板形式与给定载荷形式作用于切顶留巷顶板,顶板会出现一定程度的下沉,但顶板上方围岩较为完整,利于巷道顶板支护。对于碎石帮而言,弧形三角块体经过切顶预裂后,可分为多边弧形关键块体E和三角块体F。三角块体F经过切顶预裂后,在采空区内以给定载荷形式作用于矸石,随矸石垮落压实,对矸石帮作用较小。此类情形下,巷道围岩控制重点在于碎石帮,需要重点考虑如何防止碎石帮挤压外鼓。

5.1.2.3　基本顶结构断裂位置位于切顶侧采空区上方

基本顶结构断裂位置位于切顶侧采空区上方如图5-5所示。当本区段工作面回采时,切顶留巷巷道整体处于悬顶区域A覆岩的给定载荷及其上覆岩层载荷传递至煤体的超高侧向支承压力作用下,同时还受到区域B的超前支承压力影响。表征最为明显的区域为工作面靠切顶留巷端头处,此处液压支架受载明显大于其他区域。此时，在支承压力叠加的影响下，切顶留巷实体煤帮将可能发生整体失稳，同时还可能伴有严重底鼓等现象。对于碎石帮而言，上区段基本顶周期破断的弧形三角块体依然被分为多边弧形关键块体 E 和三角块体 F。切顶后，弧形三角块体整体处于采空区内部，随矸石以给定载荷形式在采空区内垮落，压缩矸石，相比上述两种情况更为显著。矸石帮在三角块体 F 给定载荷以及区域 B 侧向支承压力的作用下，挤压外鼓变形更严重。

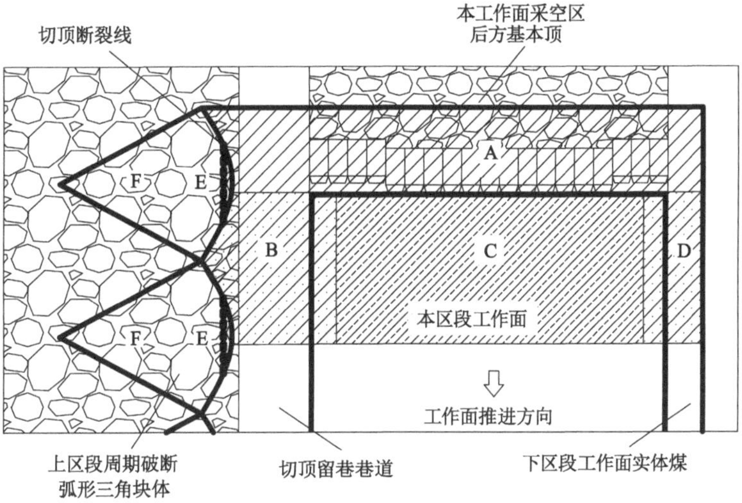

图 5-5 基本顶结构断裂位置位于切顶侧采空区上方

5.1.2.4 结果分析

由上述分析可知，弧形三角块体运动对切顶留巷围岩破坏起着至关重要的作用，因此明确弧形三角块体的几何特征尤为重要。弧形三角块体几何尺寸包括厚度、长度及其在侧向煤体内的断裂位置。其长度可根据下式确定[136]：

$$L = L_0\left[\sqrt{(L_0/S)^2 + 3/2} - L_0/S\right] \tag{5-27}$$

式中：L_0 为相邻区段工作面的周期来压步距；S 为相邻区段工作面长度。

由 8206 工作面矿压规律实测结果可知，$L_0 = 18.7$ m，$S = 180$ m，代入

式(5-27)计算得 $L=28.05$ m。基本顶在岩体内部的断裂位置可由下式求得[137-139]：

$$x=\frac{\lambda m}{2\tan\varphi}\ln\left(\frac{k\gamma H+\dfrac{C}{\tan\varphi}}{\dfrac{C}{\tan\varphi}+\dfrac{p}{\lambda}}\right) \tag{5-28}$$

式中：x 为基本顶断裂线与采空一侧煤壁的距离，m；C 为黏聚力，MPa；φ 为内摩擦角，(°)；p 为支护阻力，MPa；m 为煤层厚度，m；λ 为侧压系数；k 为应力集中系数；γ 为覆岩平均容重，kN/m^3；H 为巷道埋深，m。

有关参数取值如下：侧压系数 λ 取 1.2；煤层厚度 m 取 2.4 m；内摩擦角 φ 取 24°；黏聚力 C 取 2.31 MPa；应力集中系数 k 取 2.17；覆岩平均容重 γ 取 25 kN/m^3；巷道埋深 H 取 510 m；支护阻力 p 取 0.6 MPa。将以上取值代入式(5-28)，可以得出 $x=12.3$ m。也就是说，基本顶在采空区内距巷道碎石侧 12.3 m 位置处发生断裂，即基本顶在采空区内发生了断裂。

由此可知，大斗沟煤矿 8201 工作面与相邻 8206 工作面基本顶结构属于如图 5-5 所示的情形，即基本顶结构断裂位置位于切顶侧采空区上方。此种情形下，巷道围岩破坏主要是碎石帮挤压外鼓和巷道底鼓，因此支护重点是切顶侧碎石帮和切顶侧顶板。

5.1.3 坚硬顶板切顶留巷"顶-帮"破坏互馈机理

5.1.3.1 坚硬顶板切顶留巷"顶-帮"互馈过程

区别于传统沿空留巷方式，切顶留巷靠近本工作面实体煤侧上覆顶板结构被预裂切断，相应的应力场分布也发生了显著变化[140-141]。本节以 8201 工作面切顶留巷工程实际条件与切顶留巷工程实践为研究背景，旨在构建切顶留巷碎石帮、实体煤帮与顶板的联动力学模型，探究碎石帮、实体煤帮与顶板三者之间的关联与互馈机制；明确顶板载荷对碎石帮、实体帮的力学胁迫作用，以及碎石帮、实体煤帮失稳对顶板结构回转失稳的诱发作用，进而为坚硬顶板切顶留巷围岩破坏控制方向与重点提供理论依据。

已有文献[142]表明，在切顶留巷工程实践中，预裂切缝作用范围为"直接顶＋下层位基本顶"，基本顶上层位及其上覆岩层以载荷形式作用于"直接顶＋下层位基本顶”。由“直接顶＋下层位基本顶”组成的组合承载结构是影响切顶留巷围岩变形的关键。本工作面回采前的切顶留巷围岩破坏失稳机理示意如图 5-6 所示。本工作面回采前，切顶留巷上覆顶板结构关键块体由于切顶作用，直接顶上覆顶板结构被分为两个关键块体 A 和 B。在这个阶段内，切顶留巷围岩破坏主要是由于原岩应力场扰动造成围岩收敛，关键块体 A 和 B 以载荷方式作用于切顶留巷围岩。

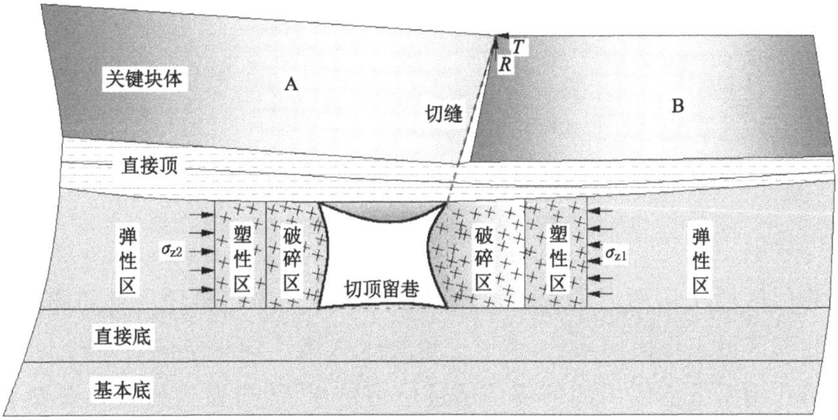

图 5-6 切顶留巷围岩破坏失稳机理示意图(本工作面回采前)

本工作面回采后的切顶留巷围岩破坏失稳机理示意如图 5-7 所示。切顶留巷上覆顶板结构关键块体可分为 A、B_1、B_2。关键块体 B_1 与关键块体 B_2 相互咬合铰接，其回转下沉形成的弯矩力及其上覆岩层载荷作用于切顶留巷切顶侧帮部。采空区内矸石在回转下沉产生的弯矩及其上覆岩层载荷作用下，逐渐被压缩进而造成矸石帮继续挤压外鼓。当切顶不充分时，关键块体 B_1 容易形成悬顶，此时顶板内部积聚大量弹性能，加之侧向支承压力作用，当悬顶达到一定面积时，加之工作面不断推进，基本顶发生破断，将会联动悬顶发生破断。通过现场实测，发现切顶留巷围岩具有明显的“不对称破坏”特征，即切顶侧的顶板和帮部变形明显大于实体煤侧。从巷道围岩结构看，造成这一现象的根源在于关键块体 B_1 和关键块体 B_2 的回转下沉作用。由此可见，“顶-帮”互馈最明显的阶段是在本工作面回采时期，顶帮联动是此阶段的显著特点。

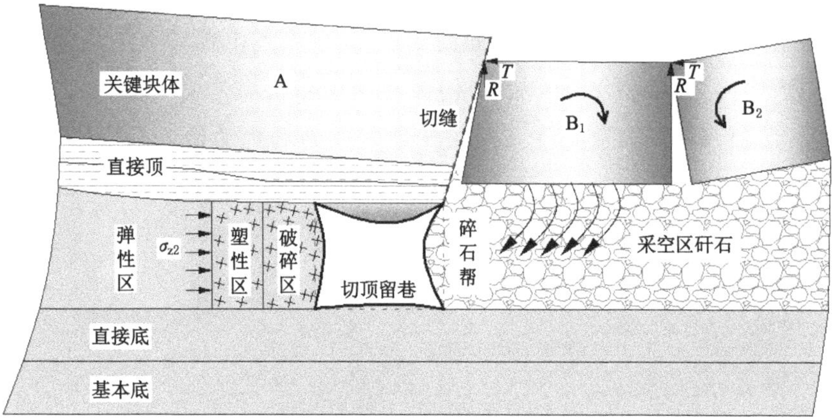

图 5-7　切顶留巷围岩破坏失稳机理示意图(本工作面回采后)

相邻区段工作面回采后的切顶留巷围岩破坏失稳机理示意如图 5-8 所示。相邻区段工作面回采后,弧形三角块体 A 发生向采空区的回转下沉,以弯矩力作用于采空区内的矸石。通过应力传递,此阶段内的实体煤帮和实体煤侧顶板上肩角位置的围岩将出现塑裂破坏。因本工作面回采后,采空区上覆岩层进入垮落稳定阶段,主要以给定变形作用于已被压缩的碎胀矸石。因此相邻区段工作面回采后,关键块体 B_1 和关键块体 B_2 向本工作面采空区内的回转变形量并不大,此阶段内沿切顶侧的碎石帮和顶板上肩角位置的围岩塑裂破坏并不明显。相邻区段工作面回采后,巷道支护重点是在超前支护段对实体煤侧上肩角位置的强化控制。需要说明的是,本节内容为了说明切顶留巷围岩失稳全过程。随着相邻区段工作面推进,在相邻工作面采空区内的巷道已经无须维护。

综上所述,通过研究切顶留巷"顶-帮"在本工作面回采前、本工作面回采过程中以及相邻区段工作面回采过程中的互馈过程,可以明确三个阶段内的围岩控制重点(图 5-9)。顶板下沉最为严重的阶段发生在本工作面回采过程中,因此对顶板的控制应着重在此阶段内实施。对于碎石帮来说,本工作面回采前,仅对顶板进行了切缝,因此碎石帮并未完全形成。当本工作面回采后,碎石帮完全形成,此阶段内由于切顶结构回转下沉,对碎石帮造成

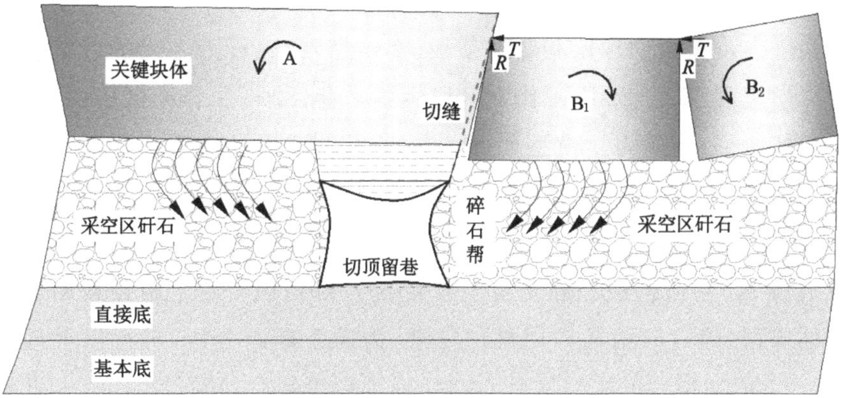

图 5-8 切顶留巷围岩破坏失稳机理示意图(相邻区段工作面回采后)

的影响最大,因此此阶段内的碎石帮变形较严重,对碎石帮的控制应在本工作面回采过程中重点实施。实体煤帮在本工作面回采前、本工作面回采后的变形较小,而在相邻区段工作面回采过程中,由于关键块体结构回转下沉,此阶段内的实体煤帮塑裂变形大,因此应在相邻区段工作面回采过程中,在超前支护段加强对实体煤帮的控制。

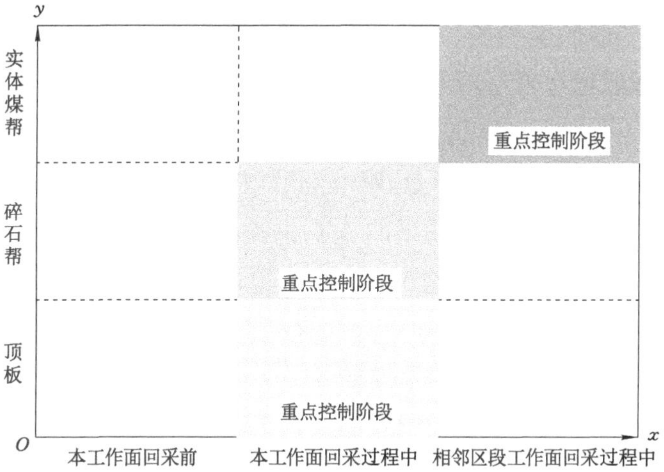

图 5-9 切顶留巷围岩破坏趋势及重点控制阶段

5.1.3.2 坚硬顶板切顶留巷“顶-帮”互馈力学分析

为进一步探究切顶留巷巷道顶板、实体煤帮、碎石帮之间的力学联系及互馈力学机理，基于8201工作面区段运输平巷(8206工作面区段回风平巷)围岩破坏特征，构建力学模型如图5-10所示。该力学模型将巷道上覆顶板视为悬臂梁，上覆顶板围岩受侧向支承压力作用，顶板下方受碎石体、塑裂实体煤、支护结构体支撑。实体煤帮侧支承压力峰值为S_1，碎石帮侧支承压力峰值为S_2，巷道顶板上方支承压力为S_3。因切顶留巷上覆顶板围岩与巷道实体煤帮、碎石帮相互作用机理复杂，为便于理论分析，进行以下理论假设[143-145]：① 切顶后的采空区矸石在切顶预裂爆破后，碎石尺寸不一，此模型将碎石体理论假设为均匀各向同性的无黏性散体；② 槽钢、金属网、塑钢网、柔性水泥毯和单体液压支柱组成的复合挡矸支护体系假设为连续刚性体，能够侧向约束碎石帮挤压外鼓变形；③ 塑裂实体煤帮、碎石帮视为支承结构，作用位置位于实体煤帮、碎石帮的中部位置；④ 支护结构体产生的作用力可以传递至巷道顶板，等效为均布载荷；⑤ 顶板支承压力载荷假设为线性分布。

图中O点至A、B、C、D、E的支承压力作用范围分别为a_1、a_2、a_3、a_4、a_5，O点至F、G、D、H、E的支承压力作用范围分别为b_1、b_2、b_3、b_4、b_5。依据材料力学、弹性力学相关理论，当从变形协调角度考虑以满足问题求解时，切顶留巷实体煤帮的变形协调方程为：

$$\Delta_m = W_{A(F_Z)} + W_{A(F_S)} + W_{A(p_i)} + W_{A(q_x)} \tag{5-29}$$

式中：Δ_m是实体煤帮压缩变形量；$W_{A(F_Z)}$是顶板在实体煤支撑作用下A点位置挠度；$W_{A(F_S)}$是碎石支撑作用下的A点位置挠度；$W_{A(p_i)}$是顶板在支护结构体支护力作用下的A点位置挠度；$W_{A(q_x)}$是顶板及其上覆支承压力作用下的A点位置挠度。

切顶留巷碎石帮的变形协调方程可用下式表达：

$$\Delta_s = W_{D(F_Z)} + W_{D(F_S)} + W_{D(p_i)} + W_{D(q_x)} \tag{5-30}$$

式中：Δ_s是碎石帮压缩变形量；$W_{D(F_Z)}$是顶板在实体煤支撑作用下的D点位置挠度；$W_{D(F_S)}$是碎石支撑作用下的D点位置挠度；$W_{D(p_i)}$是顶板在支护结构体支护力作用下的D点位置挠度；$W_{D(q_x)}$是顶板及其上覆支承压力作用下

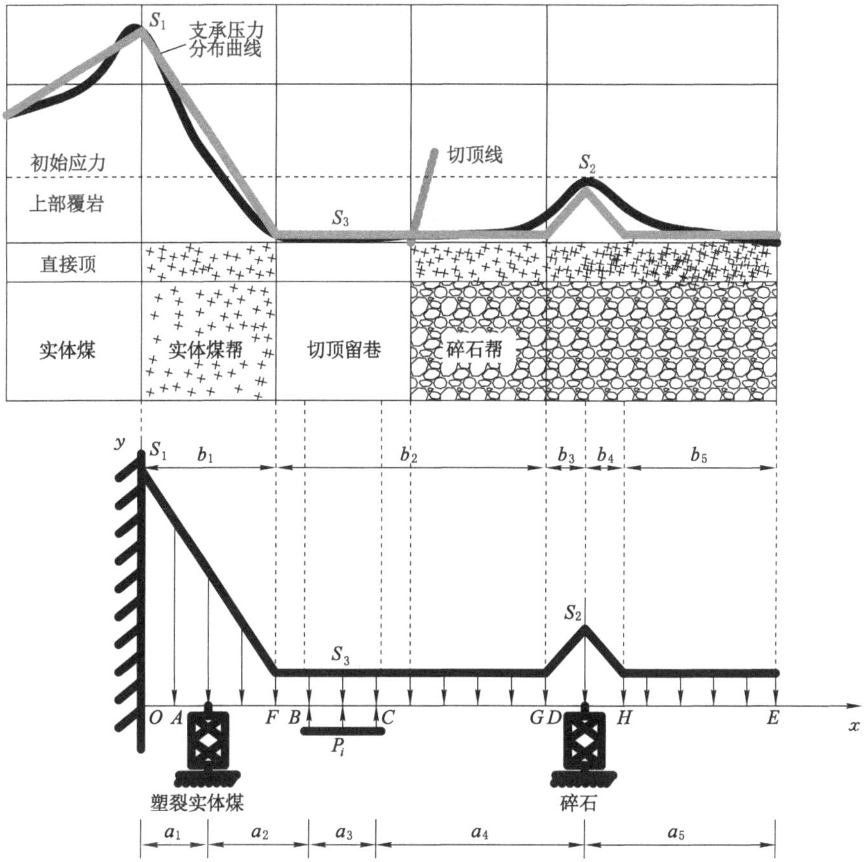

图 5-10 切顶留巷围岩结构系统稳定性理论力学模型

的 D 点位置挠度。

由已有研究成果可知，碎石在顶梁压缩作用下的应力、应变关系表达式为：

$$\sigma_s = E_s \varepsilon_s \tag{5-31}$$

$$\varepsilon_s = \frac{\Delta_s}{H_s} \tag{5-32}$$

$$\sigma_s = \frac{F_S}{A_S} \tag{5-33}$$

式中：σ_s 为碎石承受作用力；ε_s 为碎石在作用力下发生的应变；E_s 为碎石体

弹性模量；H_s 为碎石帮高度；A_S 为巷道上覆顶板与碎石的接触面积；F_S 为碎石对巷道顶板的支撑作用力。

联合式(5-31)～式(5-33)，可得碎石帮变形量为：

$$\Delta_s = \frac{H_s F_S}{A_S E_s} \tag{5-34}$$

进一步分析切顶留巷顶板作用于碎石帮 D 位置的挠度为：

$$W_{D(F_Z)} = \frac{F_Z a_4^3}{3EI} \tag{5-35}$$

$$W_{D(F_S)} = \frac{F_S a_1^3}{6EI}(3a_4 - a_1) \tag{5-36}$$

$$W_{D(p_i)} = \frac{3p_i a_3^4 - 4p_i a_2^3 a_3 + p_i a_2^4 + 4p_i(a_3^3 - a_2^3)(a_4 - a_3)}{24EI} \tag{5-37}$$

$$W_{D(q_x)} = w_{q1}(b_3) + w_{q2}(b_3) + w_{q3}(b_3) + w_{q4}(b_3) \tag{5-38}$$

式中：F_Z 为实体煤对巷道顶梁的支撑作用力；F_S 为碎石对巷道顶板的支撑作用力；E 为巷道顶梁弹性模量；I 为巷道顶梁惯性矩；p_i 为支护结构体作用于巷道顶板的支护作用力；q_x 为巷道顶板所受支承力。

切顶留巷碎石帮的变形协调方程可表达为：

$$\begin{aligned}\Delta_s &= W_{D(F_Z)} + W_{D(F_S)} + W_{D(p_i)} + W_{D(q_x)} \\ &= \frac{8F_Z a_4^3 + 6F_S a_1^3(3a_4 - a_1) + p_i[3a_3^4 - 4a_2^3 a_3 + a_2^4 + 4(a_3^3 - a_2^3)(a_4 - a_3)]}{24EI} + \\ &\quad w_{q1}(b_3) + w_{q2}(b_3) + w_{q3}(b_3) + w_{q4}(b_3)\end{aligned} \tag{5-39}$$

同理，可得实体煤帮变形量的公式表达如下：

$$\Delta_m = \frac{H_m F_m}{A_m E_m} \tag{5-40}$$

式中：Δ_m 是实体煤帮压缩变形量；F_m 为实体煤对巷道顶板的支撑作用力；E_m 为实体煤弹性模量；H_m 为实体煤帮高度；A_m 为巷道上覆顶板与实体煤的接触面积。

进一步分析切顶留巷顶板作用于实体煤侧 A 位置的挠度：

$$W_{A(F_Z)} = \frac{F_Z a_1^2}{6EI}(3a_4 - a_1) \tag{5-41}$$

$$W_{A(F_S)} = \frac{F_S a_1^3}{3EI} \tag{5-42}$$

$$W_{A(p_i)} = \frac{3p_i a_3^2 a_1^2 - 2p_i a_3 a_1^3}{12EI} \tag{5-43}$$

$$W_{D(q_x)} = w_{q1}(a_1) + w_{q2}(a_1) + w_{q3}(a_1) + w_{q4}(a_1) \tag{5-44}$$

式中：F_Z 为实体煤对巷道顶梁的支撑作用力；F_S 为碎石对巷道顶板的支撑作用力；E 为巷道顶梁弹性模量；I 为巷道顶梁惯性矩；p_i 为支护结构体作用于巷道顶板的支护作用力；q_x 为巷道顶板所受支承力。

切顶留巷实体煤帮的变形协调方程可表达为：

$$\begin{aligned}\Delta_m &= W_{A(F_Z)} + W_{A(F_S)} + W_{A(p_i)} + W_{A(q_x)} \\ &= \frac{2F_Z a_1^2(3a_4 - a_1) + 4F_S a_1^3 + 3p_i a_3^2 a_1^2 - 2p_i a_3 a_1^3}{12EI} + \\ &\quad w_{q1}(a_1) + w_{q2}(a_1) + w_{q3}(a_1) + w_{q4}(a_1)\end{aligned} \tag{5-45}$$

5.2 坚硬顶板切顶留巷围岩失稳机理

针对坚硬顶板切顶留巷碎石帮挤压外鼓变形量大、挡矸支护结构损毁严重、切顶侧顶板严重下沉、顶板锚杆(索)脱落失效的实际特征，综合现场实测、室内实验、数值模拟及理论分析结果，以大斗沟矿 8201 工作面区段运输平巷(8206 工作面区段回风平巷)切顶留巷工程实际为研究背景，系统探索了坚硬顶板切顶巷道在一次成巷阶段和二次复用阶段的围岩失稳机理。

5.2.1 坚硬顶板切顶留巷围岩破坏失稳分析

5.2.1.1 切顶结构关键块体运动活化

区别于传统沿空留巷、沿空掘巷，无煤柱开采工作面切顶留巷方式利用靠近工作面一侧的碎石成帮进行巷道维护。切顶切断了基本顶弧形三角块体的力学传递，将其分为三角块关键块体和多边弧形关键块体。本工作面回采后，两关键块体逐渐趋于稳定。当相邻区段工作面回采时，已经趋于稳定的两个关键块体再次被采掘扰动活化，引发关键块体以铰接点为中心、碎石为承载结构的回转下沉，再次作用于碎石帮。与此同时，相邻工作面上方覆岩破断形成的弧形三角块体回转下沉，作用于实体煤帮，使得一次成巷阶段已经塑裂的实体煤再度破裂失稳。碎石侧切顶关键块体回转下沉产生的弯矩作用力与实体煤侧弧形三角块体产生的弯矩作用力，相向对切顶留巷围岩产生应力驱动，围岩在此应力驱动作用下易发生破坏失稳[90]。

5.2.1.2 应力场环境复杂多变

切顶虽然切开了本工作面靠近切顶侧的弧形三角块结构体，但受现有切顶技术制约，尤其是当基本顶厚度较大时，并不能将产生力学载荷的结构体纵向完全切开，因此就产生了覆岩大结构动载荷，可以通过切顶小结构传递至巷道围岩结构。当覆岩为坚硬顶板时，高位覆岩大结构易发生悬顶。坚硬悬顶产生的大载荷通过低位切顶小结构、实体煤及碎石体传递，随之相应产生的超前支承压力与侧向支承压力峰值高、范围广。根据现场实测，切顶留巷悬顶面积高达 250 m^2，靠近碎石帮巷的单体支柱载荷高达 44.4 MPa。低位切顶小结构、高位覆岩大结构和弧形三角体结构之间的采动力学作用相互交织，应力场环境更加复杂，由此产生了顶板严重下沉、碎石帮挤压外鼓等矿压显现。

5.2.1.3 应力重新分布

切顶留巷在掘进期间、本工作面回采期间、相邻工作面回采期间，围岩应力重新分布，应力沿不同方向加卸载[146-148]。煤岩体在围岩应力重新分布的作用下受载破坏。尤其是当围岩内部的应力梯度与应力峰值发生改变时，峰值后的煤岩体在应力驱动作用下会有以下表现：① 煤岩体在周期性应力胁迫下，煤岩体内部裂隙继续增加并再度扩展、延伸和贯通，实体煤帮发生片帮现象；② 碎石帮在应力重新分布期间不断碎胀扩容，产生向切顶留巷空间内的挤压外鼓变形；③ 巷道顶板在应力胁迫作用下，出现锚杆(索)脱落失效、裂隙贯通、严重下沉等现象。

5.2.1.4 支护结构体匹配性差

切顶留巷巷道围岩破坏失稳过程可描述为：切顶巷道一次掘进→切顶巷道超前切顶预裂爆破→本工作面回采→低位切顶小结构破断失稳→巷道围岩体损伤塑裂→基本顶初次来压和周期来压→高位覆岩大结构与低位切顶小结构联动→碎石帮挤压外鼓→切顶侧顶板下方碎石帮支撑作用丧失→

切顶侧顶板岩体下沉、岩层间错位、滑裂及嵌入现象发生→挡矸支护结构载荷增大且受力不均→挡矸支护结构体损毁失效→相邻工作面回采→低位切顶小结构活化→相邻工作面覆岩结构破断失稳→实体煤塑裂破坏、裂隙延伸贯通→实体煤塑裂失稳→切顶留巷围岩结构整体破坏失稳。由此可见，碎石帮对切顶留巷围岩结构稳定性起着至关重要的作用，但初始支护忽略了碎石帮控制。现有支护方案的支护构型、支护密度、支护深度与切顶留巷围岩结构破裂失稳特征显著不适。

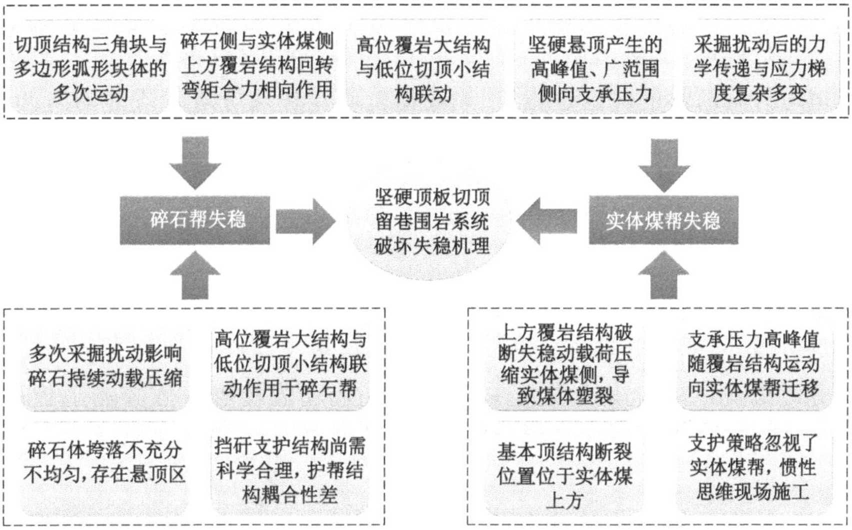

图 5-11　坚硬顶板切顶留巷围岩系统破坏失稳机理分析

5.2.2　坚硬顶板切顶留巷围岩破坏控制要求

由此可见，坚硬顶板切顶留巷围岩环境复杂，从常规角度提出的围岩控制策略因缺乏针对性、系统性，难以实现切顶留巷长久稳定。因此需要研发新型支护结构以控制切顶留巷围岩破坏失稳。新型支护结构具体应能满足以下要求：

（1）有效控制切顶留巷围岩不对称破坏。由于超前切顶预裂爆破，直接顶和部分基本顶被纵向切断，在阻断应力传递的同时，破坏了直接顶和部分基本顶的岩体完整性。切顶侧的直接顶和部分基本顶随工作面开采后形成碎石垮落在采空区。现场实测数据表明切顶留巷围岩变形呈现显著的不对称破坏特性。这就要求切顶留巷支护结构系统应具有很好的针对性、适应性、结构性，既能有效保持切顶留巷整体围岩系统的稳定性，又能加强对巷道围岩系统薄弱部位的支护，保证巷道围岩系统不因薄弱部位破坏而发生整体失稳。

(2) 有效控制切顶留巷碎石帮挤压外鼓变形。现场实测结果表明 8201 工作面区段运输平巷(8206 工作面区段回风平巷)碎石帮挤压外鼓变形严重，挤压外鼓变形量高达 0.6 m，进而驱使碎石帮挡矸支护结构失效，例如单体液压支柱倾倒、金属网撕裂、挡矸装置弯折。因此，新型支护结构应能良好地适应矸石垮落的时空过程，不但能抵抗矸石初期垮落阶段的侧向冲击，而且应能适度控制碎石帮挤压外鼓变形，这就要求挡矸支护结构具备刚柔并济的特点。

(3) 有效控制多次采掘扰动下的顶板破坏。切顶留巷在巷道服务期间经历了一次成巷阶段和二次复用阶段。采掘扰动引发的应力循环加卸载造成了顶板滑移、嵌入和台阶下沉等现象。因此这就要求在现场支护实践中，要充分考虑支护结构体的耐久性和抗疲劳性，研发能够有效控制顶板破坏的支护结构。

5.3 本章小结

(1) 基于坚硬顶板切顶留巷帮部破坏特征，建立了反映煤岩体峰前、峰后及残余变形全阶段的帮部稳定性分析模型，求解获得了实体煤帮塑性区、破碎区的应力、位移表达式，帮部外鼓位移表达式，以及碎石帮水平位移、水平应力和界面剪切应力表达式。

(2) 基于基本顶破断位置与切顶留巷相对空间位置，探析了基本顶结构断裂位置分别位于切顶留巷巷道上方、实体煤帮上方、切顶侧采空区上方的切顶留巷围岩破坏机理。具体如下：① 当基本顶结构断裂位置位于切顶留巷巷道上方时，本工作面基本顶周期破断会联动上区段工作面周期破断时的弧形三角块体，以给定载荷方式作用于切顶留巷围岩，造成碎石帮挤压外鼓、挡矸支护结构损毁。侧向支承压力与超前支承压力叠加作用于实体煤帮，造成实体煤帮片帮。此种情形下的围岩控制需全盘考虑。② 当基本顶结构断裂位置位于实体煤帮上方时，切顶留巷处于多边弧形三角块下方，基本顶周期破断联动多边弧形三角块体，但无法将上覆岩层载荷传递至切顶留巷围岩，此种情形对实体煤帮、巷道顶板影响较小。巷道围岩控制应重点考虑碎石帮。③ 当基本顶结构断裂位置位于切顶侧采空区时，切顶留巷处于悬顶区域覆岩给定载荷下，靠近切顶留巷端头处的液压支架受载明显。实体煤帮可能发生整体失稳，并伴有底鼓现象。切顶侧三角块体以给定载荷方式作用于矸石，加之超前支承压力作用，矸石帮挤压外鼓变形会较严重。

（3）根据本工作面回采前、本工作面回采过程中、相邻区段工作面回采过程中的覆岩运动特征，分析了关键块体 A、B_1、B_2 运动对切顶留巷围岩破坏的时空影响特征。具体如下：本工作面回采前，关键块体 B_1、B_2 传递的弯矩作用力，将可能造成切顶侧帮部挤压外鼓和顶板下沉，巷道底鼓往往发生在此阶段；本工作面回采后，关键块体 B_1 和 B_2 的回转下沉最为活跃，“顶-帮”互馈最明显，顶板联动是此阶段的显著特点；相邻区段工作面回采过程中，关键块体 B_1 和 B_2 向本工作面采空区内的回转变形量并不大，切顶留巷碎石帮和靠近碎石帮侧的顶板破坏态势已趋于稳定。此阶段主要是关键块体 A 回转下沉对切顶留巷实体煤帮破坏的影响较为明显。因此，明确了本工作面回采过程中的围岩控制重点在于碎石帮、顶板，相邻区段工作面回采过程中的围岩控制重点在于实体煤帮。基于坚硬顶板切顶留巷“顶-帮”互馈分析，构建了切顶留巷围岩结构系统稳定性理论力学模型，得出了切顶留巷实体煤帮、碎石帮的变形协调方程和变形量表达式。

（4）根据坚硬顶板切顶留巷围岩稳定性分析，得出了切顶留巷围岩失稳机理为切顶结构关键块体运动活化、应力场环境复杂易变、应力重新分布、支护结构体匹配性差。相应的围岩控制要求为有效控制切顶留巷围岩不对称破坏、有效控制切顶留巷碎石帮挤压外鼓变形、有效控制多次采掘扰动下的顶板破坏。

6 坚硬顶板切顶留巷围岩随态控制

基于坚硬顶板切顶留巷围岩破坏特征和受深入切顶侧采空区上覆坚硬顶板破断影响下的顶板破坏失稳机理，提出了坚硬顶板切顶留巷围岩随态控制方法，明确了切顶留巷围岩随态控制原则，因地制宜地提出了碎石帮挡矸复合加固技术和超前支护段刚柔密强支护技术。现场进行了切顶留巷围岩随态支护工业性试验，并对巷道围岩收敛变形及顶板离层进行了现场监测，验证了随态支护方案的有效性和可靠性。

6.1 坚硬顶板切顶留巷围岩控制原则

根据坚硬顶板切顶留巷围岩控制实践中积累的经验，提出了切顶留巷围岩控制原则，如图 6-1 所示。

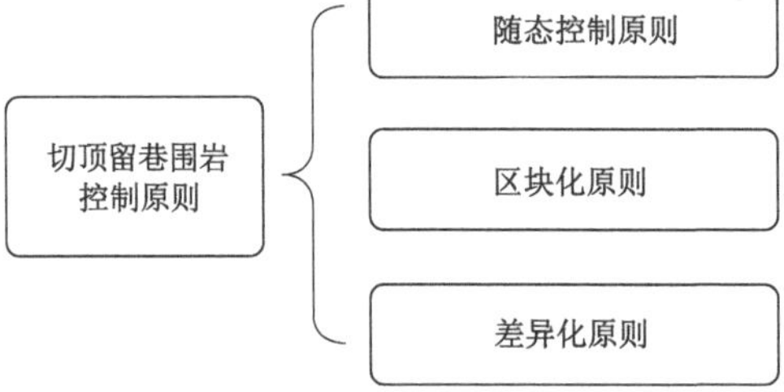

图 6-1　坚硬顶板切顶留巷围岩控制原则

6.1.1 基于围岩破坏分区与分时的随态控制原则

切顶留巷在一次成巷和二次复用阶段的围岩变形具有明显的时空性，

可归纳为：① 分区性，即切顶留巷巷道因受采掘扰动影响的不同，可分为超前动压影响区、采掘动载作用区、采后成巷稳定区。超前动压影响区主要受超前支承压力作用，巷道矿压显现主要表现为围岩收敛变形大、移近速度快；采掘动载作用区的扰动来自采煤机对前方煤体的切割扰动和采空区一定范围内顶板垮落引发的动载，巷道矿压显现主要表现为顶板活动活跃、碎石帮挤压外鼓；采后成巷稳定区位于采空区后方较远范围，此范围内巷道围岩收敛趋于稳定，进入成巷稳定状态。② 分时性，即切顶留巷经历了一次成巷阶段和二次复用阶段。一次成巷阶段，因打破了原岩应力场平衡状态，对巷道围岩破坏产生了扰动。本工作面回采加之切顶预裂爆破对巷道的爆轰冲击作用，顶板易发生回转下沉，进而对切顶留巷顶板及碎石帮产生动压。此阶段也是顶板运动的活跃期。二次复用阶段，相邻工作面再次对巷道顶板进行扰动，顶板结构完整性进一步被破坏，此阶段内巷道顶板活动在经历了本工作面回采稳定期后重新活跃。因此，切顶留巷围岩控制应根据巷道的分时性和分区性特征，有规划、有步骤、分阶段地调整支护方案。坚硬顶板切顶留巷随态控制原则如图 6-2 所示；切顶留巷采掘扰动分区如表 6-1 所列。

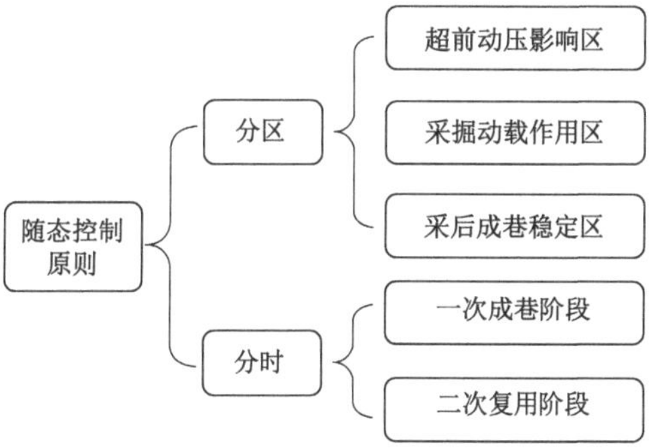

图 6-2　坚硬顶板切顶留巷随态控制原则

表 6-1　切顶留巷采掘扰动分区

分区	时机与形式	影响范围	矿压显现
Ⅰ-超前动压影响区	回采动压与超前支承压力作用	超前于 8201 区段工作面推进位置 50 m	剧烈

表 6-1(续)

分区	时机与形式	影响范围	矿压显现
Ⅱ-采掘动载作用区	回采时动压	滞后于 8201 区段工作面推进位置 200 m 范围内	较剧烈
Ⅲ-采后成巷稳定区	采后静压	滞后于 8201 区段工作面推进位置 200 m 之后	常规变形

6.1.2 基于巷道围岩破坏分区的区块化原则

切顶留巷围岩的长久稳定性不仅取决于巷道顶板支护稳定性，而且与巷道碎石帮和实体煤帮的稳定性紧密相关。因此，在支护工程实践中应在明晰切顶留巷“顶-帮”联动机理的前提下，对巷道围岩进行分区分级，进而采取适宜的关键支护技术。

如图 6-3 所示，坚硬顶板切顶留巷围岩被分为三级。其中巷道顶板(A、B、C)为一级区域，碎石帮(D、E、F)为二级区域，实体煤帮(G、H、I)为三级区域。其中 A、B、D、E 是切顶留巷围岩支护中应关注的重点。从分级角度来看，支护重要性排序为 A＞D＞B＞E＞C＞G＞H＞F＞I。坚硬顶板切顶留巷分区支护关键技术如图 6-4 所示。

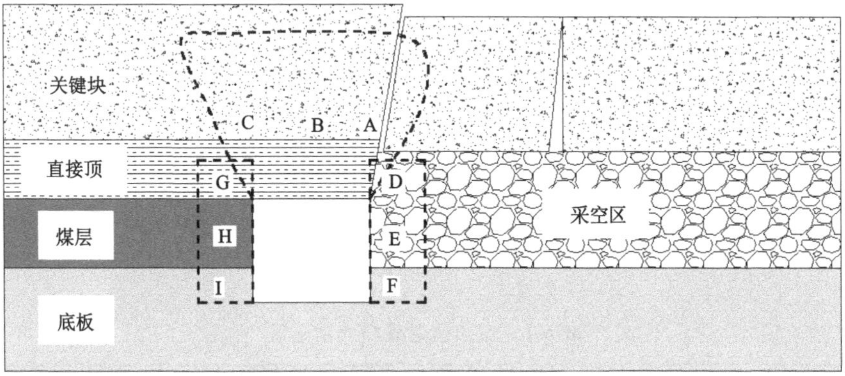

A—靠碎石帮侧上方顶板；B—巷道中部上方顶板；C—靠实体煤侧上方顶板；D—碎石帮接顶区帮部；E—碎石帮中部；F—碎石帮下部；G—实体煤帮接顶区帮部；H—实体煤帮中部；I—实体煤帮下部。

图 6-3　坚硬顶板切顶留巷分区

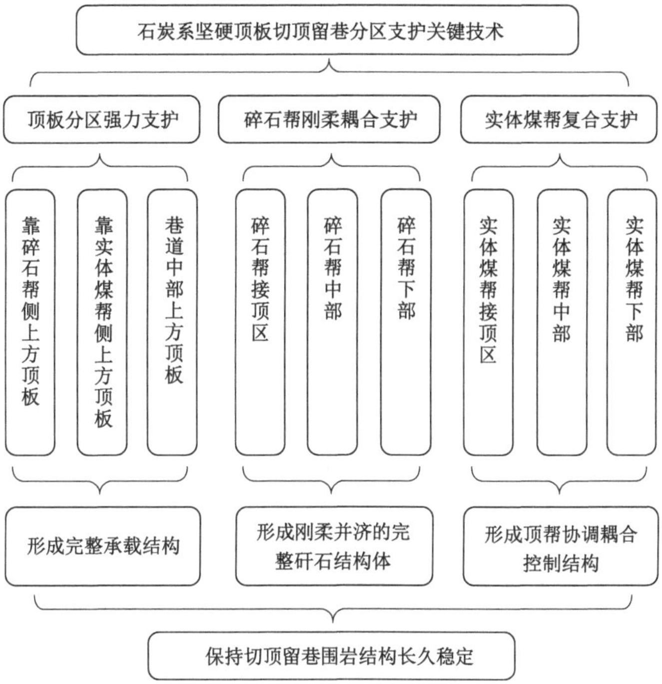

图 6-4　坚硬顶板切顶留巷分区支护关键技术

6.1.3　基于支护构型、支护方案和支护时空的差异化原则

在切顶留巷支护实践中，应当考虑差异化原则(见图 6-5)。差异化原则应当遵循：① 在支护构型上体现差异性。根据巷道顶板、碎石帮和实体煤帮各自的破坏特征，选择合适的支护构型，例如锚杆、锚索、钢带、钢筋梯子梁的规格型号以及它们之间如何互相组合组成支护结构体。② 在支护方案上体现差异性。支护方案应能适应并控制切顶留巷碎石帮挤压外鼓变形、实体煤帮片帮、顶板不对称下沉，进而选择合适的支护方案。③ 在支护时空上体现差异性。切顶留巷围岩破坏过程具有时机性、空间性。支护方案应在掌握切顶留巷围岩态势演化规律基础上，选择有利时机进行支护。

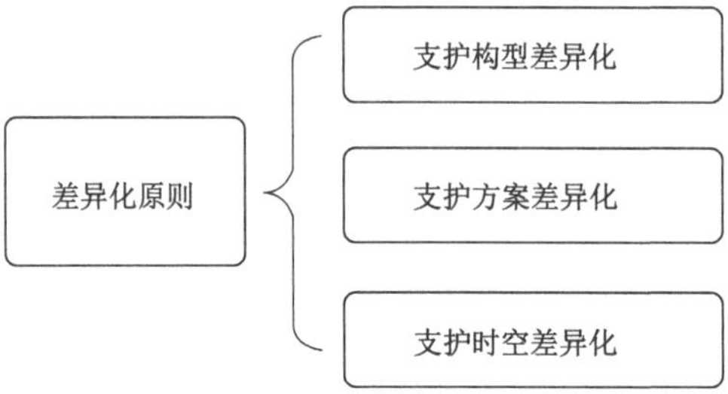

图 6-5　坚硬顶板切顶留巷支护差异化原则

6.2　坚硬顶板切顶留巷围岩控制理论与关键技术

6.2.1　切顶留巷帮部支护理论研究

锚杆(索)支护成套技术已经成为我国煤矿巷道的主要支护方式,高预应力强力锚杆支护技术、锚杆耦合支护技术、巷道让压支护技术、巷道锚索梁支护技术、锚杆注浆联合支护技术、主被动结合支护技术、煤巷纵向梁复合式支护技术、抗剪锚管索支护技术得到了广泛应用[149-151]。本节通过建立切顶留巷帮部本构模型并阐明本构关系,以期为切顶留巷帮部支护提供理论指导。

6.2.1.1　切顶留巷实体煤帮本构关系

基于前章对切顶留巷帮部的稳定性分析,结合已有研究成果[152],将切顶留巷实体煤帮划分为破碎区、塑性区和弹性区。根据大量巷道支护工程实践对实体煤帮的认知,实体煤帮破碎区区分布在实体煤帮表面至煤体一定范围内,破碎区经历了采掘扰动造成的损伤后,仅保持有很小的残余强度和承载能力。因此,可将力学模型设定为一副摩擦片,即使应力不再增加,变形仍不断增加。实体煤帮破碎区示意图及本构模型如图 6-6 所示。

根据本构关系,给出本构方程如下:

$$\begin{cases}\varepsilon = 0, \sigma < \sigma_s \\ \varepsilon \to \infty, \sigma = \sigma_s\end{cases} \tag{6-1}$$

式中：σ_s 为煤体屈服极限。

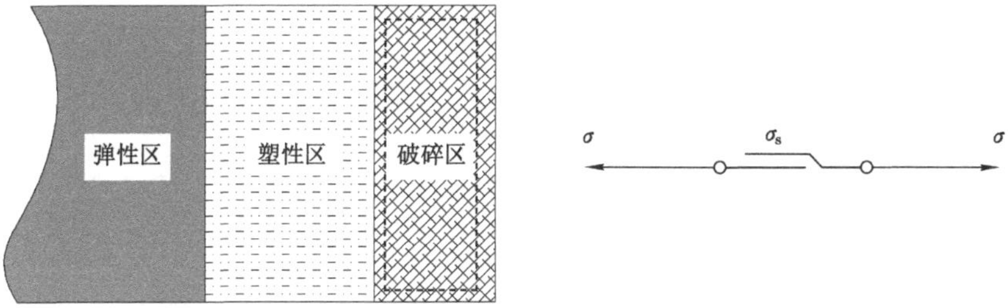

(a) 实体煤帮破碎区示意图　　(b) 破碎区本构模型

图 6-6 实体煤帮破碎区示意图及本构模型

实体煤帮塑性破坏作为一种不可恢复的变形。切顶留巷掘进期间，煤体受载超过弹性范围后发生永久变形。巷道掘进完成后，应力重新分布，待巷道变形进入相对稳定期时，实体煤帮塑性区开始卸载。当本工作面和邻近工作面回采时，实体煤帮塑性区依次经历加载→卸载→加载→卸载。循环加卸载后，塑性区范围内煤体发生了一定程度的变形，需要一定的时间 t^1，即塑性区范围内煤体变形与时间有关。加载时，塑性区范围内煤体开始变形；卸载后，塑性区范围内煤体停止变形。塑性区范围内煤体应力-应变关系，兼具黏弹性体和黏塑性体的特点。实体煤帮塑性区示意图及本构模型如图 6-7 所示。

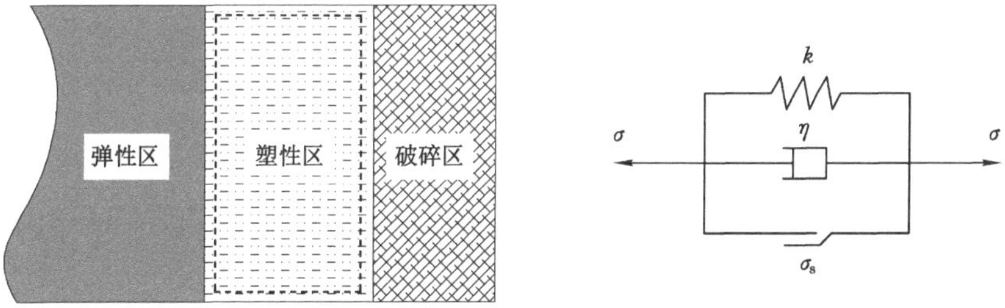

(a) 实体煤帮塑性区示意图　　(b) 塑性区本构模型

图 6-7 实体煤帮塑性区示意图及本构模型

根据本构关系，给出本构方程如下：

$$\begin{cases}\sigma < \sigma_s, \varepsilon = 0 \\ \sigma \geqslant \sigma_s, \sigma = \sigma_k + \sigma_\eta + \sigma_s = \sigma_s + k\varepsilon + \eta\varepsilon'\end{cases} \tag{6-2}$$

实体煤帮塑性区蠕变方程为：

$$\begin{cases}\sigma < \sigma_s, \varepsilon = 0 \\ \sigma \geqslant \sigma_s, \varepsilon = \dfrac{\sigma - \sigma_s}{k}(1 - e^{-\frac{k}{\eta}t})\end{cases} \tag{6-3}$$

式中：σ_s 为煤体屈服极限；k 为弹性系数；η 为牛顿黏性系数。

实体煤帮弹性区位于实体煤帮内部的弹性核范围内，通过查阅分析，西原体模型最能全面反映岩石的弹-黏弹-黏塑性特性[153-154]，因为选用西原体模型来研究实体煤帮弹性区煤体本构关系。实体煤帮弹性区示意图及本构模型如图 6-8 所示。

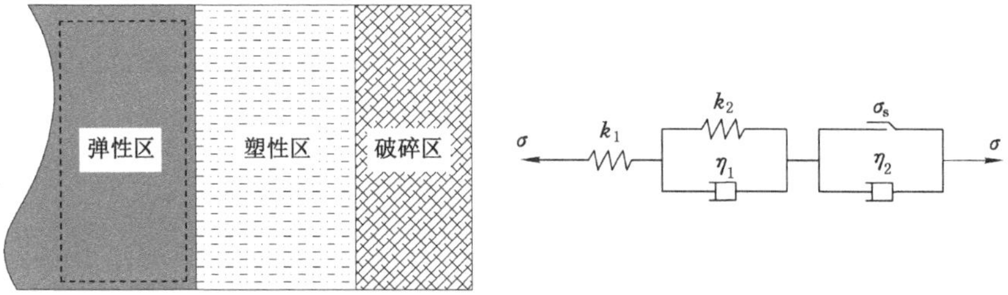

(a) 实体煤帮弹性区示意图　　(b) 弹性区本构模型

图 6-8　实体煤帮弹性区示意图及本构模型

根据本构关系，给出本构方程如下：

$$\begin{cases}\sigma < \sigma_s, \dfrac{\eta_1}{k_1}\sigma' + \left(1 + \dfrac{k_2}{k_1}\right)\sigma = \eta_1\varepsilon' + k_2\varepsilon \\ \sigma \geqslant \sigma_s, \sigma'' + \left(\dfrac{k_2}{\eta_1} + \dfrac{k_2}{\eta_2} + \dfrac{k_1}{\eta_1}\right)\sigma' + \dfrac{k_1}{\eta_1}\dfrac{k_2}{\eta_2}(\sigma - \sigma_s) = k_2\varepsilon'' + \dfrac{k_1 k_2}{\eta_1}\varepsilon'\end{cases} \tag{6-4}$$

实体煤帮弹性区蠕变方程为：

$$\begin{cases}\sigma < \sigma_s, \varepsilon = \dfrac{\sigma}{k_1} + \dfrac{\sigma}{k_2}(1 - e^{-\frac{k_2}{\eta_1}t}) \\ \sigma \geqslant \sigma_s, \varepsilon = \dfrac{\sigma}{k_1} + \dfrac{\sigma}{k_2}(1 - e^{-\frac{k_2}{\eta}t}) + \dfrac{\sigma - \sigma_s}{\eta_2}t\end{cases} \tag{6-5}$$

式中：σ_s 为煤体屈服极限；k_1，k_2 为弹性系数；η_1，η_2 为牛顿黏性系数。

通过探究实体煤帮破碎区、塑性区和弹性区本构关系，得出了实体煤帮本构模型，如图 6-9 所示。根据本构关系，给出本构方程如下：

$$\begin{cases}\sigma < \sigma_s, \varepsilon = \eta_1 \varepsilon' + k_2 \varepsilon \\ \sigma \geqslant \sigma_s, \varepsilon = \varepsilon_s + \sigma_s + k\varepsilon + \left(\eta + \dfrac{k_1 k_2}{\eta_1}\right)\varepsilon' + k_2 \varepsilon''\end{cases} \tag{6-6}$$

式中：σ_s 为煤体屈服极限；ε_s 为煤体屈服极限条件下应变；k_1，k_2 为弹性系数；η_1，η_2 为牛顿黏性系数。

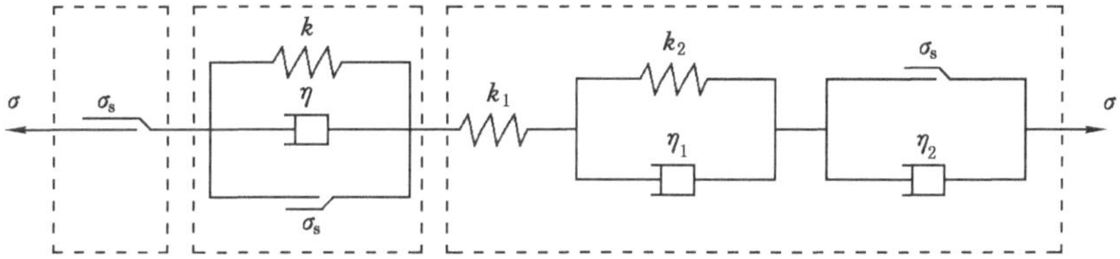

图 6-9 实体煤帮本构模型

实体煤帮蠕变方程如下：

$$\begin{cases}\sigma < \sigma_s, \varepsilon = \dfrac{\sigma - \sigma_s}{k}(1 - e^{-\frac{k}{\eta}t}) + \dfrac{\sigma}{k_1} + \dfrac{\sigma}{k_2}(1 - e^{-\frac{k_2}{\eta_1}t}) \\ \sigma \geqslant \sigma_s, \varepsilon = \dfrac{\sigma - \sigma_s}{k}(1 - e^{-\frac{k}{\eta}t}) + \dfrac{\sigma}{k_1} + \dfrac{\sigma}{k_2}(1 - e^{-\frac{k_2}{\eta}t}) + \dfrac{\sigma - \sigma_s}{\eta_2}t\end{cases} \tag{6-7}$$

式中：σ_s 为煤体屈服极限；k_1，k_2 为弹性系数；η_1，η_2 为牛顿黏性系数。

6.2.1.2 切顶留巷碎石帮本构关系

切顶留巷掘进期间，碎石帮在此期间为实体煤帮，其本构关系与实体煤帮相同。本工作面回采加之超前切顶预裂爆破后，碎石帮内介质由切顶留巷掘进期间的煤体转变为碎裂岩体。因而研究碎裂岩体的本构关系对碎石帮支护尤为重要。巷道上方顶板岩体在受采掘扰动和爆轰冲击后，由完整结构体和块裂结构体变为碎裂结构体。碎裂结构体既不同于块裂结构体，又不同于完整结构体。碎裂结构体变形既受到结构面控制，又受到结构体控制，同时也受到岩体赋存应力环境的影响[155]。因巷道上方覆岩为不等厚度的层状结构，因此碎石帮内的碎裂岩体可视为错缝砌体碎裂结构。

碎裂岩体在采空区上方顶板压缩与基本顶结构力学作用下，矸石岩块将会出现弹性变形、塑性变形和黏性变形。与此同时，结构面将出现弹性闭合变形和滑动变形。在坚硬顶板赋存环境下，岩体坚硬，通常黏性变形发生情况较少。根据碎裂岩体特性，可知靠近切顶侧碎石区在经历了切顶预裂爆破和上方顶板压缩作用下，此区域的碎石之间相互挤压、错动、嵌入和破裂，进入塑裂闭合阶段。以往岩体在低水平应力下的变形，总是采用一次线性关系的胡克体，对碎石体来说并不合适。因此引入了结构面闭合变形法则来解释碎石帮内碎石的应变关系[156-157]。靠近切顶侧碎石区本构模型如图 6-10 所示。

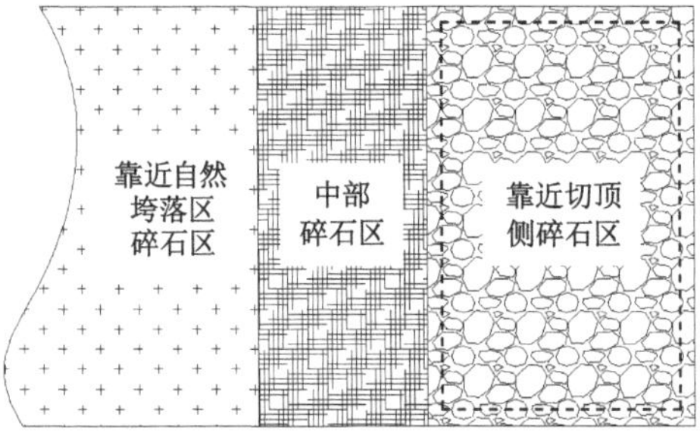

(a) 靠近切顶侧碎石区示意图

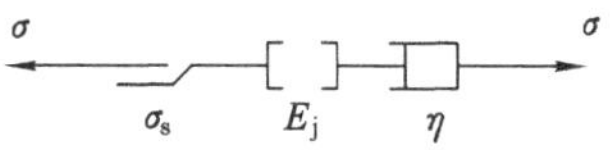

(b) 靠近切顶侧碎石区本构模型

图 6-10　靠近切顶侧碎石区示意图及本构模型

本构模型由黏性元件、塑性元件和闭合变形元件组成，本构方程可表示为：

$$
\begin{cases} \sigma < \sigma_s, \varepsilon = \eta\varepsilon' + \varepsilon_{j0}(1 - e^{-\frac{\sigma}{E_j}}) \\ \sigma \geqslant \sigma_s, \varepsilon = \varepsilon_s + \eta\varepsilon' + \varepsilon_{j0}(1 - e^{-\frac{\sigma}{E_j}}) \end{cases} \tag{6-8}
$$

式中：σ_s 为碎石帮岩体屈服极限；η 为牛顿黏性系数；ε' 为黏性阶段的变形；ε_{j0} 为碎裂结构体最大闭合应变；E_j 为碎裂结构体闭合产生变形的当量模量；ε_s 碎石帮岩体屈服极限条件下的应变。

中部碎石区内的碎石同样受到上方顶板载荷的影响，与靠近切顶侧碎石相比，碎石块较大，碎裂程度较低。中部碎石区为过渡区，虽然完整性较差，但仍具有承载能力。在载荷作用下，碎石会发生瞬态变形、蠕变变形，同时也具有松弛与黏性滑动的变形特征。因此引入广义开尔文体来表述本构模型[158]。中部碎石区示意图及本构模型如图 6-11 所示。

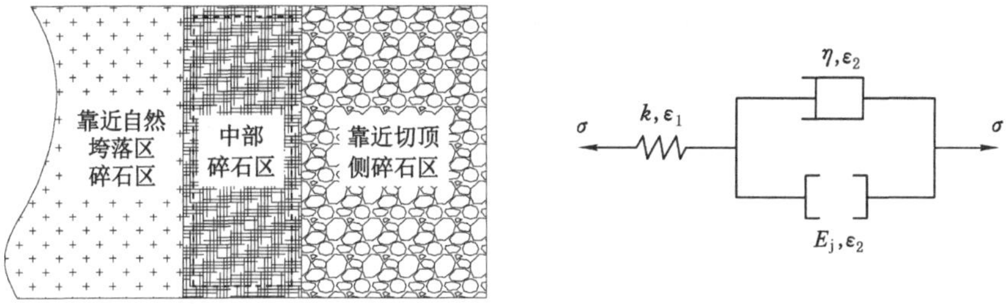

（a）中部碎石区示意图　　（b）中部碎石区本构模型

图 6-11　中部碎石区本构模型

对于中部碎石区本构模型，本构方程推导如下：

$$\begin{cases}\sigma = \sigma_1 = \sigma_2 \\ \varepsilon = \varepsilon_1 + \varepsilon_2 \\ \varepsilon' = \varepsilon_1' + \varepsilon_2'\end{cases} \tag{6-9}$$

对于弹簧：

$$\begin{cases}\sigma = k_1\varepsilon_1 \\ \sigma' = k_1\varepsilon_1'\end{cases} \tag{6-10}$$

对于开尔文体：

$$\sigma = \varepsilon_2'(1 - e^{-\frac{\sigma}{E_j}}) + \eta\varepsilon_2' \tag{6-11}$$

因此可得：

$$\sigma = (\varepsilon - \varepsilon_1)(1 - e^{-\frac{\sigma}{E_j}}) + (\varepsilon' - \varepsilon_1')\eta = \left(\varepsilon - \frac{\sigma}{k_1}\right)(1 - e^{-\frac{\sigma}{E_j}}) + \left(\varepsilon' - \frac{\sigma'}{k_1}\right)\eta \tag{6-12}$$

整理可得：

$$\frac{\sigma}{k_1}\eta + \left(1 + \frac{2 + e^{-\frac{\sigma}{E_j}}}{k_1}\right)\sigma = \varepsilon + \eta\varepsilon \tag{6-13}$$

与中部碎石区、靠近切顶侧碎石区相比，靠近自然垮落区的碎石具有块度大、岩块间铰接联系强、完整性好等特性。因此选用改进西原体模型反映碎石的弹性-黏塑性-闭合性特性。靠近自然垮落区碎石区示意图及本构模型如图 6-12 所示。

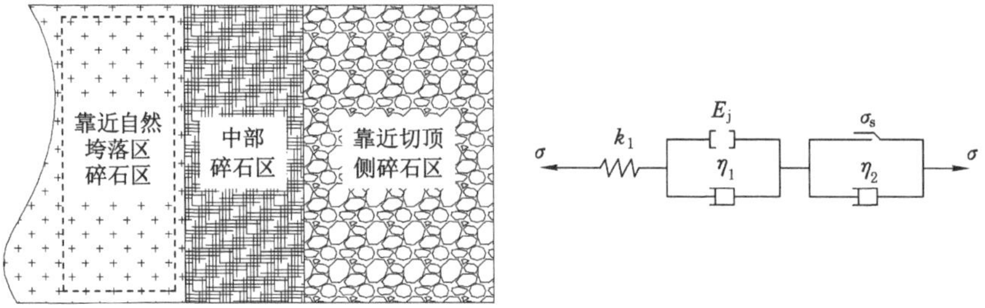

(a) 靠近自然垮落区的碎石区示意图　　(b) 靠近自然垮落区的碎石区本构模型

图 6-12　靠近自然垮落区碎石区示意图及本构模型

根据本构关系,给出本构方程如下:

$$\begin{cases}\sigma < \sigma_s, \dfrac{\eta_1}{k_1}\sigma' + \left(1 + \dfrac{E_j}{k_1}\right)\sigma = \eta_1\varepsilon' + E_j\varepsilon \\ \sigma \geqslant \sigma_s, \sigma'' + \left(\dfrac{E_j}{\eta_1} + \dfrac{E_j}{\eta_2} + \dfrac{k_1}{\eta_1}\right)\sigma' + \dfrac{k_1}{\eta_1}\dfrac{E_j}{\eta_2}(\sigma - \sigma_s) = E_j\varepsilon'' + \dfrac{k_1 E_j}{\eta_1}\varepsilon'\end{cases} \tag{6-14}$$

靠近自然垮落区碎石区蠕变方程为:

$$\begin{cases}\sigma < \sigma_s, \varepsilon = \dfrac{\sigma}{k_1} + \dfrac{\sigma}{E_j}(1 - e^{-\frac{E_j}{\eta_1}t}) \\ \sigma \geqslant \sigma_s, \varepsilon = \dfrac{\sigma}{k_1} + \dfrac{\sigma}{E_j}(1 - e^{-\frac{E_j}{\eta}t}) + \dfrac{\sigma - \sigma_s}{\eta_2}t\end{cases} \tag{6-15}$$

式中:σ_s 为靠近自然垮落区碎石区岩体屈服极限;k_1 为弹性系数;E_j 为碎裂结构体闭合产生变形的当量模量;η_1,η_2 为牛顿黏性系数。

通过探究靠近切顶侧碎石区、中部碎石区、靠近自然垮落区矸石区的本构关系,得出切顶留巷碎石帮本构模型,如图 6-13 所示。根据本构关系,给出本构方程如下:

$$\begin{cases}\sigma < \sigma_s, \varepsilon = \eta\varepsilon' + \varepsilon_{j0}(1 - e^{-\frac{\sigma}{E_j}}) + \varepsilon' + \eta_1\varepsilon' + E_j\varepsilon \\ \sigma \geqslant \sigma_s, \varepsilon = \varepsilon_s + \eta\varepsilon' + \varepsilon_{j0}(1 - e^{-\frac{\sigma}{E_j}}) + \dfrac{\sigma\eta}{k_1(1+\eta)} + \left(1 + \dfrac{2 + e^{-\frac{\sigma}{E_j}}}{k_1}\right)\dfrac{\sigma}{1+\eta} + E_j\varepsilon'' + \dfrac{k_1 E_j}{\eta_1}\varepsilon'\end{cases} \tag{6-16}$$

式中:σ_s 为碎石帮岩体屈服极限;ε_s 为碎石帮岩体屈服极限条件下的应变;

E_j 为碎裂结构体闭合产生变形的当量模量；k_1 为弹性系数；η_1，η 为牛顿黏性系数；ε'为黏性阶段的变形；ε_{j0}为碎裂结构体最大闭合应变。

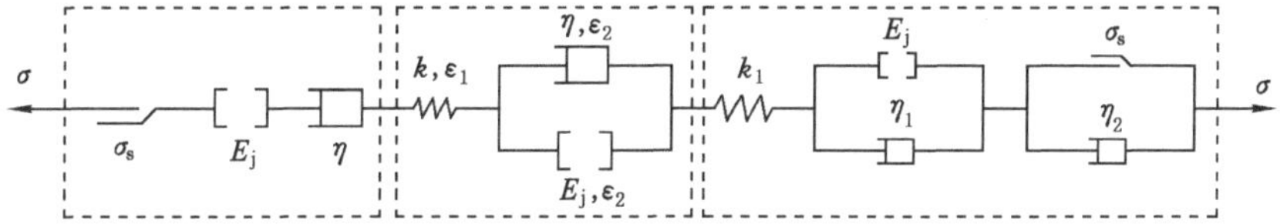

图 6-13 切顶留巷碎石帮本构模型

6.2.1.3 基于塑性软化基础边界的切顶留巷稳定性模型

由于采用切顶预裂爆破方式进行沿空留巷，基本顶断裂位置位于采空区侧，所以切顶后的关键问题是留巷阶段基本顶结构是否稳定。直接顶通过锚索锚固在巷道上方基本顶，基本顶是否稳定直接关系到留巷阶段的顶板稳定性，因此需要重点分析基本顶不发生破断的临界条件，这需要构建符合实际工程地质条件的力学模型进行分析计算。

切顶留巷顶板下沉-槽钢挡矸-巷内非对称支护的整体稳定性模型如图 6-14 所示。对于挡矸的槽钢，其对顶板的支撑能力有限，主要作用是维护矸石帮。槽钢竖直方向受力为 f_z，可得表征护帮槽钢稳定性的方程为式(6-17)，挠曲变形量方程为式(6-18)，失稳近似条件式(6-19)。

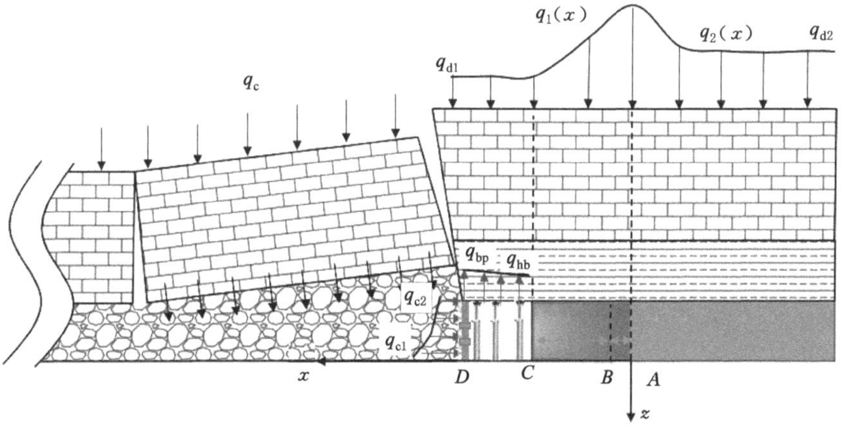

(a) 塑性软化基础边界的整体模型

图 6-14 切顶留巷顶板下沉-槽钢挡矸-巷内非对称支护的整体稳定性模型

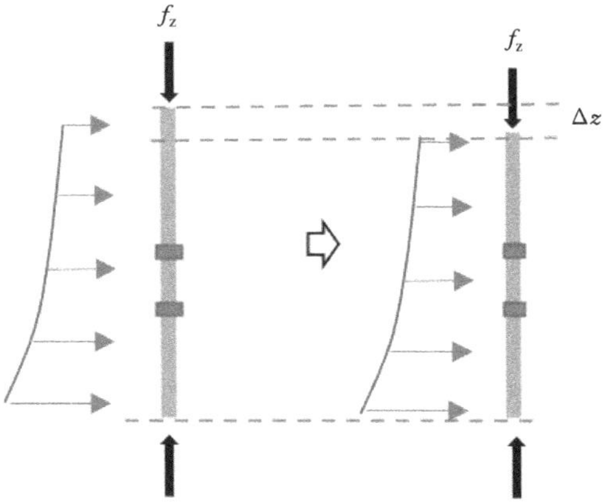

(b) 槽钢-矸石-顶板耦合模型

图 6-14(续)

$$x''''(z)\mid_{x=x_h+x_0}+\mu^2x''(z)\mid_{x=x_h+x_0}=\frac{q}{EI} \tag{6-17}$$

顶板下沉与矸石侧向挤压作用下的槽钢各位置变形量，见式(6-18)。

$$x(z)\mid_{x=x_h+x_0}=\frac{(q_{c1}+q_{c2})}{4f_z}(z^2-\mu z)+\frac{q}{f_z\mu^2}\left[\cos(\mu z)+\tan\frac{\mu b}{2}\sin z-1\right] \tag{6-18}$$

$$f_z\to\pi^2EI/b^2\text{ 时，槽钢失稳} \tag{6-19}$$

设 BC 段为煤体塑性软化区，AB 长度为 x_t，AC 长度 x_0，CD 长度为 x_h，弹性煤体支承系数为 k，类似支承压力的载荷曲线方程可以用式(6-20)进行表达。支承压力曲线包括：z 轴左侧作用在基本顶的载荷方程 $q_1(x)$，表征其影响范围的参数为 x_{m1}；z 轴右侧作用在基本顶的载荷方程 $q_2(x)$，表征其影响范围的参数为 x_{m2}，这类函数可以表征支承压力的峰值大小及位置。函数 $q_3(x)$为煤体塑性软化区的支承反力函数，表征其影响范围的参数为 x_{m3}，见式(6-21)。q_{m1} 为 $q_1(x)$峰值与 q_{d1} 的差；q_{m2} 为 $q_2(x)$峰值与 q_{d2} 的差，q_{m3} 为 $q_3(x)$的峰值。

巷内支护为非对称形式，靠近切顶侧需要的支护强度大，靠近实体煤侧需要的支护强度相对较小，即巷内支护要侧重切顶侧。其中切顶侧的支护

载荷集度为 q_{bp}，靠近实体煤侧的支护载荷集度为 q_{hb}。切顶侧矸石压实过程中挤压槽钢，槽钢稳定性主要由顶板下沉量及侧向挤压载荷决定。一般条件下，矸石侧向挤压载荷如图 6-14(b)所示。矸石帮上侧载荷为 q_{c2}、下侧载荷为 q_{c1}，由此构建了槽钢-矸石-顶板耦合的稳定性模型。

$$\begin{cases} q_1(x)=\dfrac{(q_{p1}x_{m1}+q_{m1}e)(x+x_{m1})}{e^{\frac{x}{x_{m1}}+1}x_{m1}} & (0\leqslant x\leqslant x_0+x_h) \\ q_2(x)=\dfrac{(q_{p2}x_{m2}+q_{m2}e)(x_{m2}-x)}{x_{m2}e^{-\frac{x}{x_{m2}}+1}} & (x\leqslant 0) \end{cases} \tag{6-20}$$

$$q_3(x)=\frac{q_{m3}(x_t+x_{m3})}{x_{m3}e^{\frac{-x+x_t}{x_{m3}}}}-\frac{xq_{m3}}{x_{m3}e^{\frac{-x+x_t}{x_{m3}}}}\quad(x_t\leqslant x\leqslant x_0) \tag{6-21}$$

$x\leqslant 0$ 时的基本顶挠度微分方程如下：

$$EIz_{-A}^{(4)}(x)=q_{p2}+\frac{q_{m2}(x_{m2}-x)}{x_{m2}e^{\frac{-x+x_{m2}}{x_{m2}}-1}}-ky_{-A}(x)\quad(x\leqslant 0) \tag{6-22}$$

该微分方程形式解的一般式为式(6-23)，C_{-A1}、C_{-A2} 为积分常数。

$$z_{-A}(x)=\frac{q_{p2}}{4\left(\frac{k}{4EI}\right)EI}+\left[C_{-A1}\cos\left(\frac{k}{4EI}\right)^{1/4}x+C_{-A2}\sin\left(\frac{k}{4EI}\right)^{1/4}x\right]e^{\left[\frac{k}{(4EI)}\right]^{1/4}x}+$$

$$\left[\frac{x_{m2}-x}{x_{m2}}+\frac{4}{1+4\left(\frac{k}{4EI}\right)x_{m2}^4}\right]\frac{q_{m2}e^{\frac{x-x_{m2}}{x_{m2}}+1}x_{m2}^4}{EI\left[1+4\left(\frac{k}{4EI}\right)x_{m2}^4\right]}\quad(x\leqslant 0) \tag{6-23}$$

$0\leqslant x\leqslant x_t$ 时的基本顶挠度微分方程如下：

$$z_{A-B}^{(4)}(x)-\frac{q_{p1}}{EI}-\frac{q_{m3}(x+x_{m1})e^{-\frac{x+x_{m1}}{x_{m1}}+1}}{x_{m3}EI}+4\left[\frac{k}{4(EI)^{1/4}}\right]y_{A-B}(x)=0(0\leqslant x\leqslant x_t) \tag{6-24}$$

该微分方程形式解的一般式为式(6-25)，C_{A3}、C_{A4}、C_{A5}、C_{A6} 为积分常数。

$$z_{A-B}(x)=+\frac{q_{p1}}{4\left(\frac{k}{4EI}\right)EI}+\frac{q_{m3}x_{m1}^5e^{1-\frac{x+x_{m1}}{x_{m1}}}}{x_{m3}EI\left[1+4\left(\frac{k}{4EI}\right)x_{m1}^4\right]}\left[\frac{x+x_{m1}}{x_{m1}}+\frac{4}{1+4\left(\frac{k}{4EI}\right)x_{m1}^4}\right]+$$

$$C_{A3}\sin\left[\left(\frac{k}{4EI}\right)^{1/4}x\right]\sin\left[h\left(\frac{k}{4EI}\right)^{1/4}x\right]+C_{A4}\sin(\beta x)\cos\left[h\left(\frac{k}{4EI}\right)^{1/4}x\right]+$$

$$C_{A5}\cos\left[\left(\frac{k}{4EI}\right)^{1/4}x\right]\sin\left[h\left(\frac{k}{4EI}\right)^{1/4}x\right]+$$

$$C_{A6}\cos\left[\left(\frac{k}{4EI}\right)^{1/4}x\right]\cos\left[h\left(\frac{k}{4EI}\right)^{1/4}x\right](0\leqslant x\leqslant x_t) \tag{6-25}$$

连续条件为下式：

$$\begin{cases} z_{-A}(0)=z_{A-B}(0) \\ z'_{-A}(0)=z'_{A-B}(0) \\ z''_{-A}(0)=z''_{A-B}(0) \\ z'''_{-A}(0)=z'''_{A-B}(0) \end{cases} \tag{6-26}$$

$x_t<x<x_0$ 时基本顶挠度微分方程如下：

$$\frac{q_{p1}}{EI}+\frac{q_{m1}e^{1-\frac{x+x_{m1}}{x_{m1}}}}{x_{m1}EI}(x+x_{m1})-\frac{q_{m3}e^{\frac{x-x_t}{x_{m3}}}}{x_{m3}EI}[(x_t+x_{m3})-x]-z_{B-C}^{(4)}(x)=0 \quad (x_t<x<x_0) \tag{6-27}$$

该微分方程形式解的一般式为式(6-28)，C_{BC1}、C_{BC2}、C_{BC3}、C_{BC4} 为积分常数。

$$z_{B-C}(x)=\frac{q_{p1}(x-x_t)^4}{24EI}+\frac{q_{m1}x_{m1}^4}{EI\,e^{\frac{x}{x_{m1}}}}\left(\frac{x+x_{m1}}{x_{m1}}+4\right)-\frac{q_{m3}x_{m3}^4}{e^{\frac{-x+x_t}{x_{m3}}}}\left(\frac{x_{t3}+x_{m3}-x}{x_{m3}}+4\right)+$$
$$\frac{1}{EI}\left[C_{BC3}(x-x_t)+C_{BC4}+\frac{C_{BC1}(x-x_t)^3}{6}+\frac{C_{BC2}(x-x_t)^2}{2}\right] \quad (x_t<x<x_0) \tag{6-28}$$

连续条件见下式：

$$\begin{cases} z_{B-C}(x_B)=z_{A-B}(x_B) \\ z'_{B-C}(x_B)=z'_{A-B}(x_B) \\ z''_{B-C}(x_B)=z''_{A-B}(x_B) \\ z'''_{B-C}(x_B)=z'''_{A-B}(x_B) \end{cases} \tag{6-29}$$

$x_0<x<x_0+x_h$ 时的基本顶挠度函数满足下式：

$$EIz_{C-D}(x)=\frac{M(x_0)}{2}(x-x_0)^2-\frac{q_1(x_0)}{6}(x-x_0)^3+\frac{q_{p1}}{24}(x-x_0)^4+$$
$$q_{m1}ex_{m1}^4\left\{\left(\frac{x+5x_{m1}}{x_{m1}}\right)e^{-\frac{x+x_{m1}}{x_{m1}}}-\left\{\left[\frac{(x_0+x_{m1})^2}{x_{m1}^2}+\frac{2x_0+4x_{m1}}{x_{m1}}\right]+\right.\right.$$
$$\left.\left.C_{CD1}x+C_{CD2}+\frac{1}{2}\frac{(x+x_{m1})^2}{x_{m1}^2}-\frac{\frac{1}{6}x_0+\frac{1}{3}x_{m1}}{x_{m1}}\left(\frac{x+x_{m1}}{x_{m1}}\right)^3\right\}e^{-\frac{x_0+x_{m1}}{x_{m1}}}\right\}-$$

$$\frac{q_{\mathrm{hb}}(x-x_0)^4}{24}-\frac{q_{\mathrm{bp}}-q_{\mathrm{hb}}}{120x_{\mathrm{h}}}(x-x_0)^5 \quad (x_0<x<x_0+x_{\mathrm{h}}) \tag{6-30}$$

连续条件见下式：

$$\begin{cases} z_{\mathrm{B-C}}(x_{\mathrm{C}})=z_{\mathrm{C-D}}(x_{\mathrm{C}}) \\ z'_{\mathrm{B-C}}(x_{\mathrm{C}})=z'_{\mathrm{C-D}}(x_{\mathrm{C}}) \\ z''_{\mathrm{B-C}}(x_{\mathrm{C}})=z''_{\mathrm{C-D}}(x_{\mathrm{C}}) \\ z'''_{\mathrm{B-C}}(x_{\mathrm{C}})=z'''_{\mathrm{C-D}}(x_{\mathrm{C}}) \end{cases} \tag{6-31}$$

可见上述方程参数较多，解析解十分复杂，实际计算也有一定难度，但是在应用过程中，多个参数都可以确定。确定具体工程地质条件后，方程中便可代入实际参数，具体借助 Matlab 软件辅助运算。即针对具体工程地质条件可以代入实际参数，实现方便快捷地求解。

基于大斗沟煤矿工程地质条件，相关参数取值如下：埋深为 450 m，煤层厚度为 2.4 m，煤体单轴抗压强度为 22.8 MPa，黏聚力为 1.4 MPa，内摩擦角为 24°，基本顶厚度为 13.6 m，基本顶抗拉强度为 11.7 MPa，弹性模量为 30 GPa，直接顶厚度为 2.0 m，碎胀系数为 1.3，单体液压支柱型号为 DW40-300/110X、工作阻力为 300 kN，巷道宽度为 5.2 m，巷道高度为 3.6 m，采动系数为 3.5。代入参数取值，计算得出滞后工作面 100 m 范围内，基本顶不发生破断的条件是单体液压支柱提供的支护强度不低于 0.30 MPa，考虑安全系数，支护强度应不低于 0.35 MPa。单体液压支柱布置形式为每排布置 5 根，排距为 0.8 m，其中靠近切顶侧布置 3 根。采用此种布置方式，基本顶不会破断，顶板不会出现显著下沉。槽钢主要用于挡矸而不是支撑顶板，否则极易发生挠曲而导致碎石帮支护失效。

由此可知，槽钢需具备一定支撑阻力以便防倒防滑，在矸石侧向挤压与顶板压缩组合作用下不易挠曲失稳。在切顶留巷二次复用阶段，基本顶可以承担上覆岩层载荷。考虑安全系数，只需在碎石帮侧及实体煤帮侧分别布置 1 排单体液压支柱即可。

6.2.2 碎石帮挡矸复合加固技术

碎石帮变形的显著特点是挤压外鼓。在切顶留巷过程中，尤其应注重切顶留巷碎石帮的控制。碎石帮挤压外鼓变形主要来源为垮落矸石对巷帮支护结构的侧向冲击。矸石垮落具有明显的时空特性，主要体现在：① 矸石初期垮落阶段，顶板垮落导致的重力势能与冲击势能对巷帮支护结构产生动态侧向冲击。此阶段内矸石垮落高度越大，对巷帮支护结构的动态侧向冲击强度也就越大。② 当工作面持续推进时，随着该位置的矸石逐渐远离采掘扰动，矸石垮落逐渐趋于稳定，进入缓慢压实阶段。此阶段的矸石动态侧向冲击强度明显减弱，主要体现为矸石对巷帮支护结构的静态侧向挤压。因而，碎石帮支护要根据矸石垮落与巷帮支护结构的"初期动态冲击，后期静态挤压"力学作用关系，适应矸石垮落的时空特征。基于上述特点，提出了"侧向刚柔并济，纵向伸缩可让"的碎石帮支护理念。

显著不同于传统回采工艺形成的采空区，无煤柱开采形成的采空区与巷道无任何隔离，完全呈开放状态[159-160]。采空区能否安全有效管理是制约无煤柱开采技术能否在高瓦斯、煤层易自燃条件下进行大规模推广应用的关键。采空区存在以下问题：① 采空区完全暴露在巷道内，巷道内空气极易进入采空区，增加了采空区内遗留底煤自燃可能性。② 在未采取有效封闭措施的前提下，间接减小通风所需的风速和风量。尤其是在煤与瓦斯突出矿井、高瓦斯矿井，因瓦斯涌出来源多、瓦斯含量大，瓦斯浓度极易超限，直接影响矿井安全高效生产。

因此，研发了一种切顶留巷"开式采空区"临空侧刚柔并济快速密封装置。采用"内侧金属网＋外侧柔性阻燃水泥毯"复合密封结构，通过槽钢挡矸结构配合，进而形成密封装置。密封装置不仅考虑了采空区内矸石垮落的时空过程，而且实现了采空区快速封闭和矸石垮落完全让压的双目标。

(1) 刚柔并济。柔性阻燃水泥毯可以由淋水前的柔性变为淋水后的刚性。通过掌握淋水的合适时机，可以适应采空区内矸石垮落的时空全过程。矸石垮落初始阶段，充分利用柔性阻燃水泥毯的"柔性"，实现矸石垮落的完全让压；矸石垮落后期阶段，充分利用柔性阻燃水泥毯的"刚性"，避免矸石垮落外挤造成密封装置撕裂破损。这样做不但延长了密封装置的使用寿命，而且节约了后期维护的成本。

(2) 伸缩可让。设有割缝的槽钢，与交叉连接槽钢组成"X"形的钢丝绳，共同形成槽钢挡矸结构。该结构不仅能有效缓冲矸石垮落的侧向冲击，而且槽钢割缝能有效释放矸石垮落冲击能量[161]。槽钢与弹性钢丝绳形成整体闭锁结构，能够有效保护巷道内人员和设备安全。

碎石帮挡矸复合加固技术原理和立体效果分别如图 6-15 和图 6-16 所示；靠近碎石帮采空区密封工艺流程如图 6-17 所示。

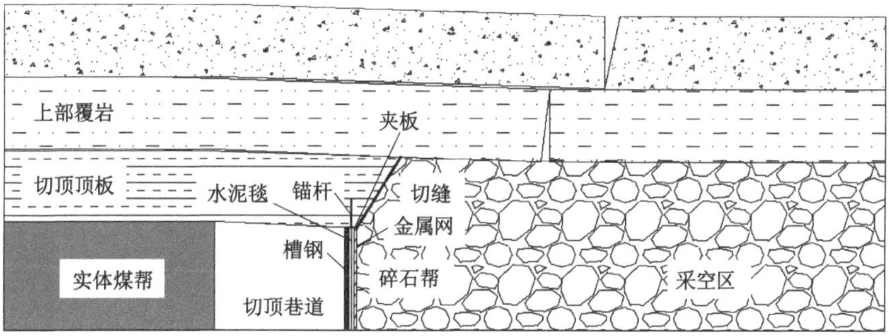

图 6-15　碎石帮挡矸复合加固技术原理图

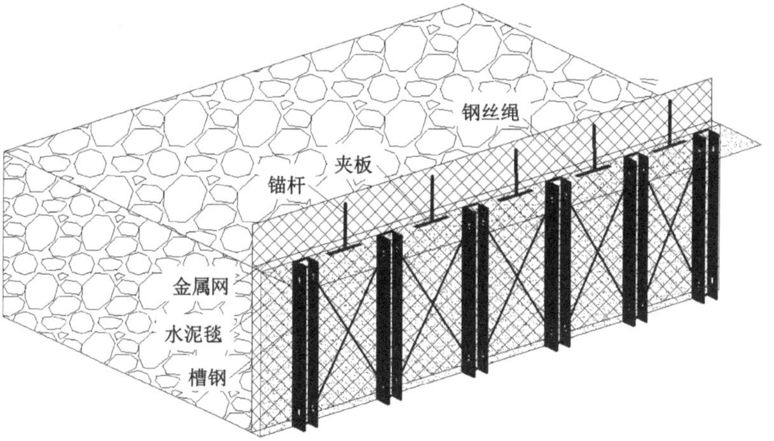

图 6-16　碎石帮挡矸复合加固技术立体效果图

6.2.3　超前支护段刚柔密强支护技术(图 6-18)

在切顶留巷工程实践中，超前支承压力加之采掘扰动影响，超前支护段

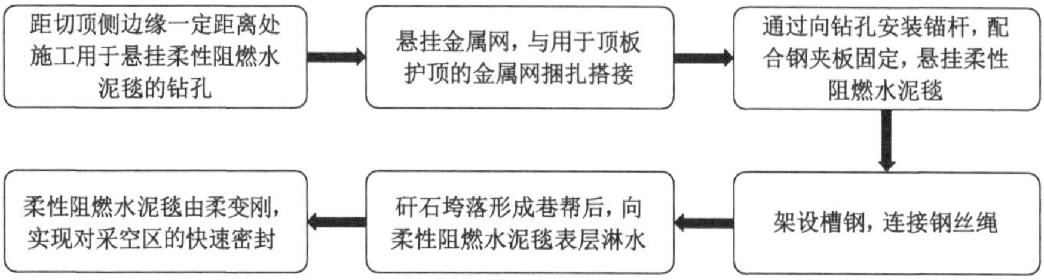

图 6-17　靠近碎石帮采空区密封工艺流程

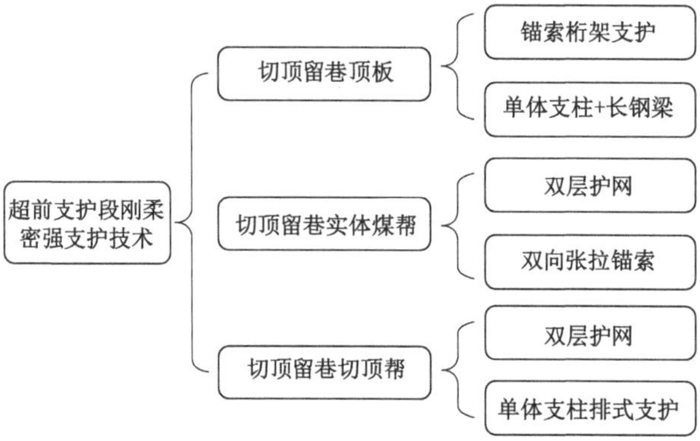

图 6-18　超前支护段刚柔密强支护技术

矿压显现尤为严重。在 8201 区段运输平巷(8206 工作面区段回风平巷)切顶工程实践中，超前支护段的矿压显现主要为钢带断裂弯折、锚杆(索)脱落失效、顶板浅部断裂、巷道底鼓等。据此提出了超前支护段刚柔密强支护技术。

(1) 切顶留巷超前支护段顶板。由于超前支护段顶板运动活跃，顶板浅部易塑裂，顶板中深部易发育离层裂隙。因此根据该特点，采用“桁架锚索＋单体液压支柱＋长钢梁＋单体液压支柱矩阵式支护”的协同支护方案。桁架锚索具有“刚柔并济”的特性，可有效适应顶板水平运动。由单体液压支柱与长钢梁组合而成的协同支护结构可有效控制顶板下沉，护表效果好。单体液压支柱矩阵式支护，利用铰接顶梁配合单体液压支柱，形成高强度、高密度支护，可有效防止顶板垮落。

（2）切顶留巷超前支护段实体煤帮。采用“里层金属网＋外层塑钢网”双层护网结构，可有效防止片帮。配合锚索双向张拉结构，对锚固范围内实体煤施加预应力，利于实体煤保持完整性，提高其整体强度。

（3）切顶留巷超前支护段碎石帮。采用“里层金属网＋外层塑钢网”双层护网结构，可有效防止碎石帮挤压外鼓。采用单体液压支柱顺巷道方向排式支护，置于切顶侧顶板下方，可有效控制切顶侧顶板下沉。预注浆加固技术采用注浆锚杆，可预先加固碎石帮，提高矸石帮强度，进而有效防止碎石挤压外鼓。

6.3　工业性实验

6.3.1　初始支护方案

8201 区段运输平巷（8206 区段回风平巷）属于大斗沟矿首采工作面（8201 区段工作面），北东部为山 2# 层盘区巷，北西部为 8202 工作面，南东为 8206 工作面，南西为山 2# 煤层可采边界。8201 区段运输平巷（8206 区段回风平巷）用于满足 8201 工作面的运输、行人等需要，以及 8206 工作面的通风、行人、运输、管线吊挂等需要。巷道长度为 1 778 m、半煤岩巷、矩形断面，巷道高 3.6 m、宽 5.2 m，净断面高 3.6 m、宽 5.0 m。使用 EBZ-260(H) 型掘进机一次成巷，沿煤层底板掘进。8201 区段运输平巷（8206 区段回风平巷）根据初始支护方案的不同，将巷道分为巷道开口—终采线（编号①）、终采线—里程 600 m 处（编号②）、里程 600 m 处—8201 区段工作面开切眼（编号③）。初始支护方案为锚杆（索）配合钢带、金属网进行联合支护。初始支护方案相关支护参数如表 6-2～表 6-4 所列。

表 6-2　顶板支护参数

类型	规格	使用地点	长度/mm	直径/mm	锚固角度	间距/mm	排距/mm
锚杆	玻璃钢	①	2 000	22	垂直于顶板	960	1 000
	左旋无纵筋螺纹钢	②	2 500	22	垂直于顶板	960	1 000

表 6-2(续)

类型	规格	使用地点	长度/mm	直径/mm	锚固角度	间距/mm	排距/mm
锚杆	左旋无纵筋螺纹钢	③	2 500	22	垂直于顶板	960	1 000
锚索	钢绞线	①	9 300	17.8	垂直于顶板	1 600	2 000
	钢绞线	②	9 300	17.8	垂直于顶板	1 600	2 000
	钢绞线	③	12 200	17.8	垂直于顶板	1 600	2 000

表 6-3　帮部支护参数

类型	规格	使用地点	长度/mm	直径/mm	锚固角度	间距/mm	排距/mm
切顶侧帮锚杆	玻璃钢	①	2 000	22	第一排呈 15°，中下部垂直顶板	1 000	1 000
实体煤帮锚杆	左旋无纵筋螺纹钢	② ③	2 500	22	第一排呈 15°，中下部垂直顶板	1 000	1 000

表 6-4　其他支护参数

类型	规格型号	使用地点	使用方式	间距/mm	排距/mm
W 型钢带	4 700 mm×250 mm×3 mm	顶板	配合锚索使用	1 600	2 000
W 型短节钢带	450 mm×280 mm×4 mm	帮部	配合锚杆使用	1 000	1 000
金属网	8# 铁丝	顶板	配合锚杆使用	—	—
塑钢网	50 mm×50 mm 网孔	帮部	配合锚杆使用	—	—

6.3.2　坚硬顶板切顶留巷关键支护参数

6.3.2.1　锚索桁架关键支护参数

根据切顶留巷围岩“不对称破坏”特征，提出了不对称锚索桁架支护技术。不对称锚索桁架支护结构对顶板稳定性控制至关重要，关键支护参数例如锚索长度、跨距及偏心距的选取决定了其能否有效发挥控制效果。关键支护参数模拟方案见表 6-5。

表 6-5 关键支护参数模拟方案

方案	锚索长度/mm	桁架跨距/mm	桁架偏心距/mm
1-1	6 300	3 400	500
1-2	7 300	3 400	500
1-3	8 300	3 400	500
1-4	9 300	3 400	500
2-1	9 300	2 600	500
2-2	9 300	3 000	500
2-3	9 300	3 400	500
2-4	9 300	3 800	500
3-1	9 300	3 400	300
3-2	9 300	3 400	400
3-3	9 300	3 400	500
3-4	9 300	3 400	600

(1) 锚索长度与围岩变形的关系

锚索长度关系到锚固点的位置及锚固点位置的稳定性，最重要的是能否将下部软弱破碎岩体悬吊在上部完整性较好的围岩上，防止冒顶事故发生。模拟方案共模拟四种情况，即锚索长度分别为 6 300 mm、7 300 mm、8 300 mm、9 300 mm。

锚索长度对巷道围岩变形的影响如图 6-19 所示，由图可知，当锚索长度为 6 300 mm、7 300 mm、8 300 mm、9 300 mm 时，顶底板移近量分别为 287.4 mm、190.2 mm、147.5 mm、132.6 mm，两帮移近量分别为 210.9 mm、140.3 mm、123.6 mm、111.7 mm。与锚索长度 6 300 mm 对比，当锚索长度增大至 8 300 mm 时，顶底板移近量减少了 139.9 mm，两帮移近量减少了 87.3 mm；当锚索长度增大至 9 300 mm 时，围岩变形减小幅度趋于放缓。因此，综合考虑围岩控制效果及经济成本等因素，最终确定锚索长度为 9 300 mm。

(2) 桁架跨距与围岩变形的关系

锚索桁架支护结构不仅能够对浅部顶板岩体起到护顶作用，而且能够产生横向作用力抑制顶板下沉引起的水平挤压变形，有效控制围岩的不对

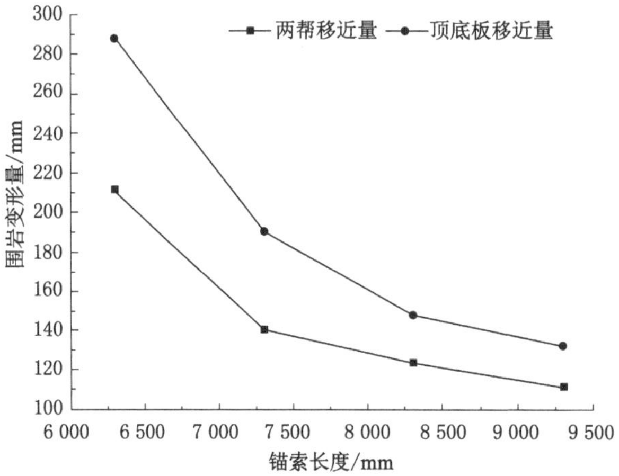

图 6-19 锚索长度对巷道围岩变形的影响

称破坏，通过锚索将锚索桁架支护结构产生的预紧作用力有效传递至巷道深部稳定的围岩体中。在这其中，跨距起着重要作用。跨距过小，则护顶能力大大降低；跨距过大，则水平方向的抗变形能力明显减弱。因此选择合理的跨距尤为重要。数值模拟方案中分别模拟跨距为 2 600 mm、3 000 mm、3 400 mm 和 3 800 mm 时的围岩变形情况。

桁架跨距对巷道围岩变形量的影响如图 6-20 所示。随着跨距增大，围岩变形量总体呈先减小后增大的趋势。当跨距由 2 600 mm 增大至 3 400 mm 时，顶底板移近量和两帮移近量分别由 270.4 mm、245.6 mm 减小至 215.1 mm、207.7 mm；随着跨距由 3 400 mm 增大至 3 800 mm，围岩变形量又开始增加。这说明桁架跨度为 3 800 mm 时，虽然护顶范围增大，但并不能起到最优的围岩控制效果。因此，确定桁架跨距合理值为 3 400 mm。

(3) 桁架偏心距与围岩变形的关系

切顶留巷围岩呈“不对称破坏”，即顶板沿巷道中轴线两侧发生不对称破坏，靠近切顶侧顶板变形大于靠近实体煤侧顶板变形。因此，锚索桁架结构应适应并有效抑制这种不对称破坏。可以通过调整锚索桁架结构偏心距来实现上述目的。数值模拟方案分为四种情况，即桁架偏心距分别为 300 mm、400 mm、500 mm 和 600 mm。

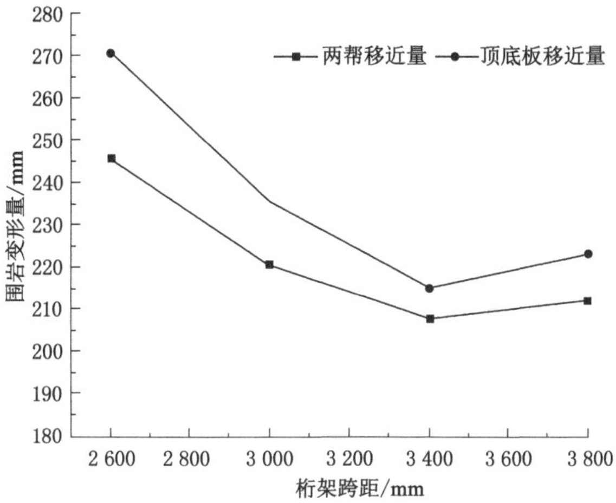

图 6-20 桁架跨距对巷道围岩变形量的影响

桁架偏心距对巷道围岩变形量的影响如图 6-21 所示。随着偏心距逐渐增大,顶底板移近量和两帮移近量呈先减小后增大的趋势。当偏心距由 300 mm 增加到 500 mm 时,顶底板移近量和两帮移近量逐渐减小,且偏心距为 500 mm 时,巷道围岩变形量最小;当偏心距增大至 600 mm 时,顶底板移近量和两帮移近量均小幅增大。因此,偏心距取值 500 mm 能够满足要求。

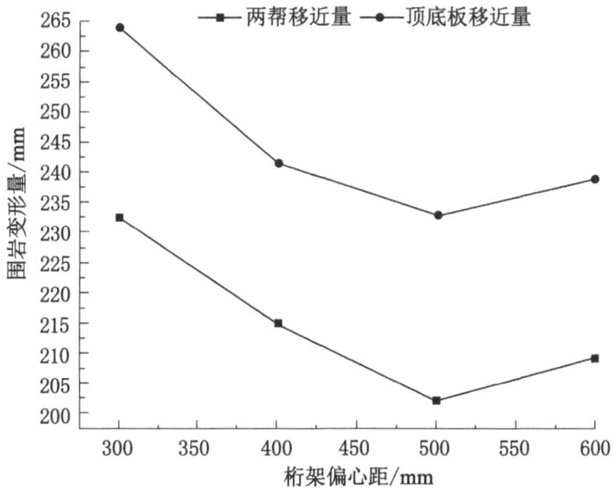

图 6-21 桁架偏心距对巷道围岩变形量的影响

基于数值模拟分析结果，不对称锚索桁架关键支护参数取值如下：锚索长度为 9 300 mm，桁架跨距为 3 400 mm，桁架偏心距为 500 mm。

6.3.2.2 分区临时支护关键参数

8201 工作面运输平巷（8206 工作面回风平巷）不同位置受采动影响程度有着显著差别。因此，根据 8201 工作面运输平巷（8206 工作面回风平巷）受采掘扰动的影响程度，将 900～1 238 m 巷道段分为三个区，即超前动压影响区（超前于 8201 区段工作面推进位置 50 m）、采掘动载作用区（滞后于 8201 区段工作面推进位置 200 m）、采后成巷稳定区（滞后于 8201 区段工作面推进位置 200 m 后），如图 6-22 所示。临时支护形式为“单体液压支柱＋Ⅱ型梁”，挡矸支护形式主要为“内侧金属网＋外侧柔性阻燃水泥毯＋可缩型槽钢”。

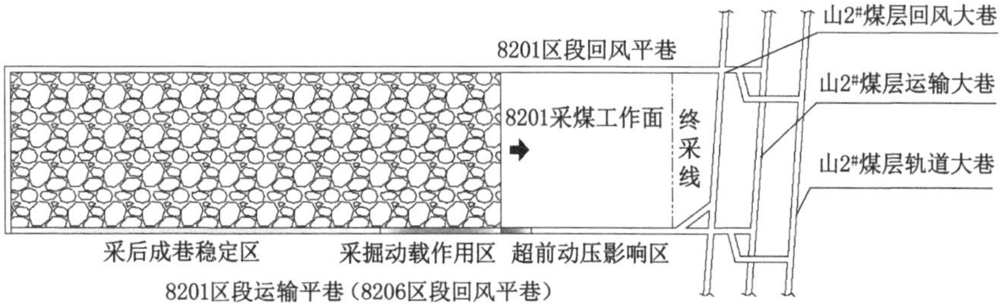

图 6-22 8201 区段运输平巷（8206 区段回风平巷）采掘扰动影响分区

（1）超前动压影响区临时支护参数

① 一次成巷阶段：超前动压影响区显著特点之一是受超前支承压力影响明显，围岩变形剧烈。因此 8201 工作面运输平巷（8206 工作面回风平巷）超前动压影响区支护在巷道整体支护方案的基础上，也要考虑临时支护。临时支护选用 DW40-300/110X 型柱塞悬浮式外注单体液压支柱。根据单体液压支柱的支护强度、密度相关公式进行计算，具体计算过程不再展开。超前动压影响区临时支护采用“四梁＋四柱”支护方式，支护长度为 50 m，第一排单体支柱距切顶侧帮部 0.95 m，第二排距第一排 1.10 m，第三排距第二排 1.10 m，第四排距第三排 1.10 m，柱距均为 0.8 m，配合 0.8 m 长的Ⅱ型顶梁。四排顶梁垂直于巷道布置；所有单体液压支柱配备防倒防坠装

置。一次成巷阶段超前动压影响区临时支护如图 6-23 所示。

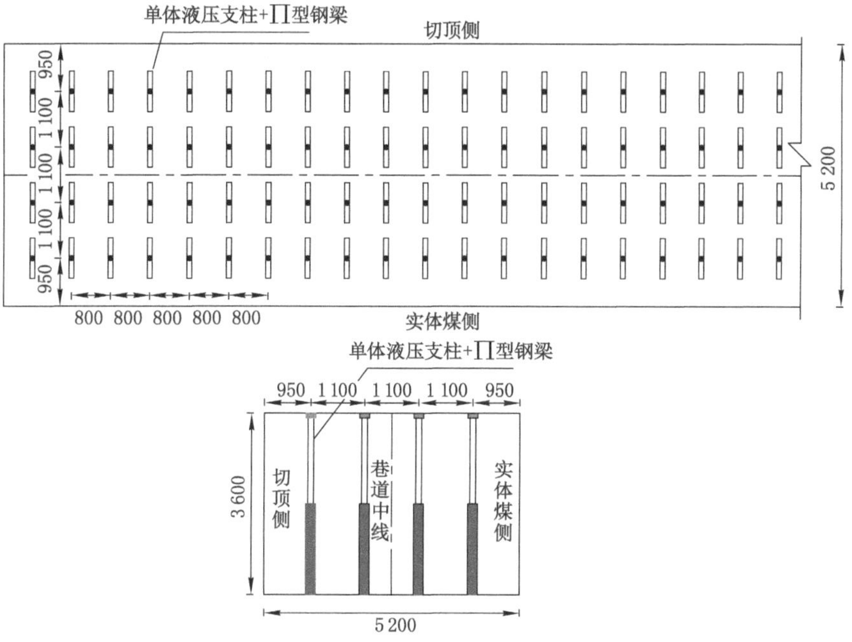

图 6-23 一次成巷阶段超前动压影响区临时支护

② 二次复用阶段：8201 工作面运输平巷(8206 工作面回风平巷)在经历本工作面采掘扰动影响后，会受到 8206 工作面回采时的重复采掘影响。巷道围岩变形相比一次成巷阶段更为严重。此阶段内的超前动压影响区临时支护采用“三梁＋三柱”支护方式。柱距均为 0.5 m，配合 4.70 m 长的Ⅱ型梁。二次复用阶段超前动压影响区临时支护如图 6-24 所示。

(2) 采掘动载作用区临时支护参数

采掘动载作用区为 8201 工作面当前推进位置后方 200 m，临时支护采用“五梁＋五柱”支护方式，支护长度为 200 m，单体支柱配合 0.8 m 长的Ⅱ型顶梁。所有单体液压支柱配备防倒防坠装置，并在此基础上增加了挡矸支护装置(由槽钢与单体液压支柱组成)。槽钢沿切顶线支设，单体液压支柱距切顶线 500 mm 布置；单体液压支柱与槽钢一一对应布置，间距为 500 mm。碎石帮由里到外依次为金属网、水泥毯、槽钢、单体液压支柱。水

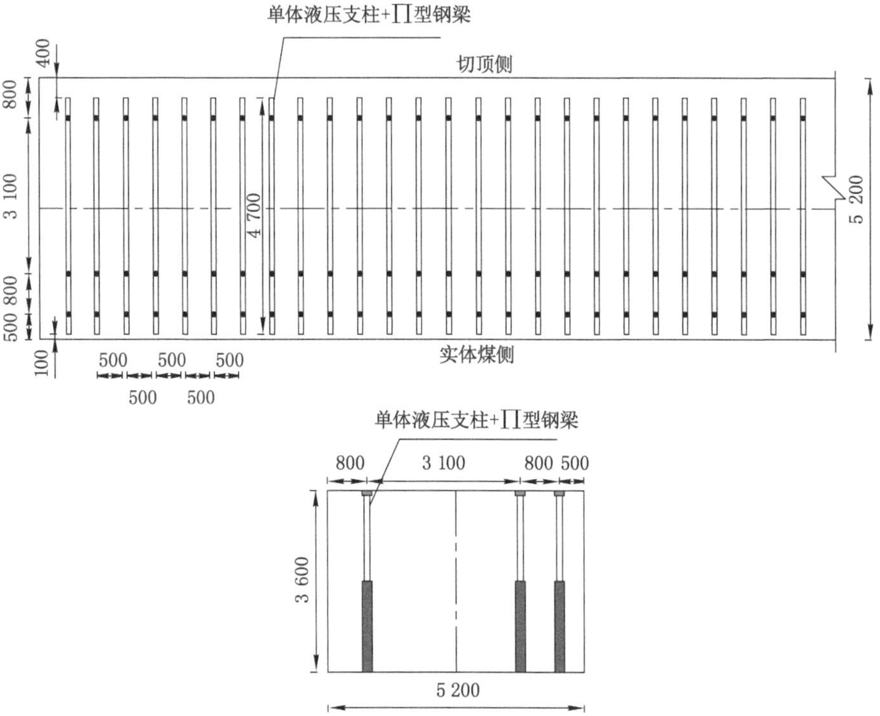

图 6-24 二次复用阶段超前动压影响区临时支护

泥毯通过夹板和锚杆悬吊于顶板。采掘动载作用区临时支护如图 6-25 所示。

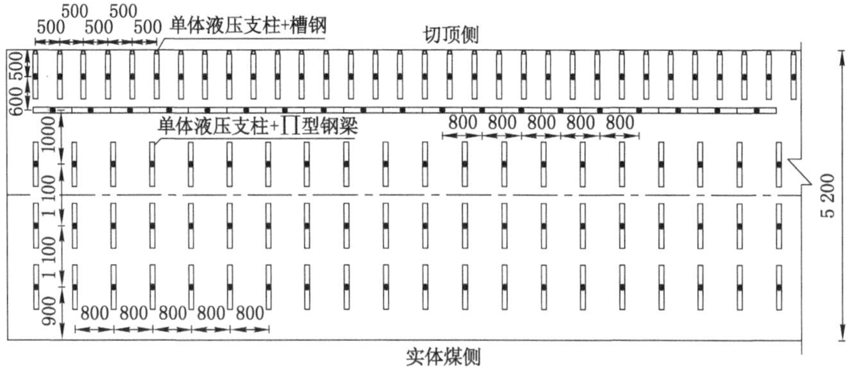

图 6-25 采掘动载作用区临时支护

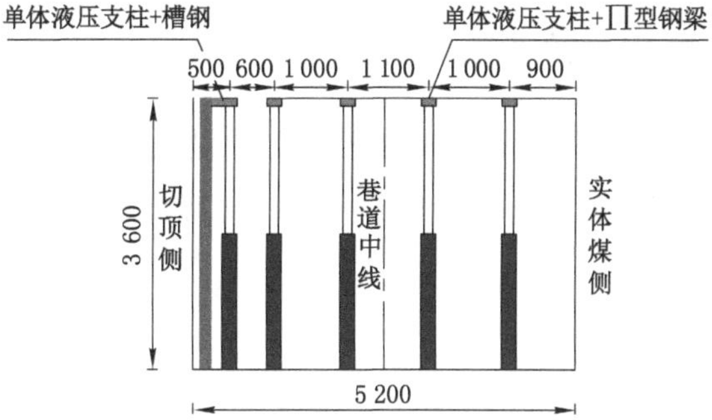

图 6-25(续)

(3) 采后成巷稳定区临时支护参数确定

采后成巷稳定区内撤掉单体液压支柱，只保留靠近切顶线的挡矸支护装置，间距仍为 500 mm。不同之处在于此阶段内对水泥毯进行淋水，促使水泥毯由软变硬，实现挡矸与采空区密闭的双目标。采后成巷稳定区临时支护如图 6-26 所示。

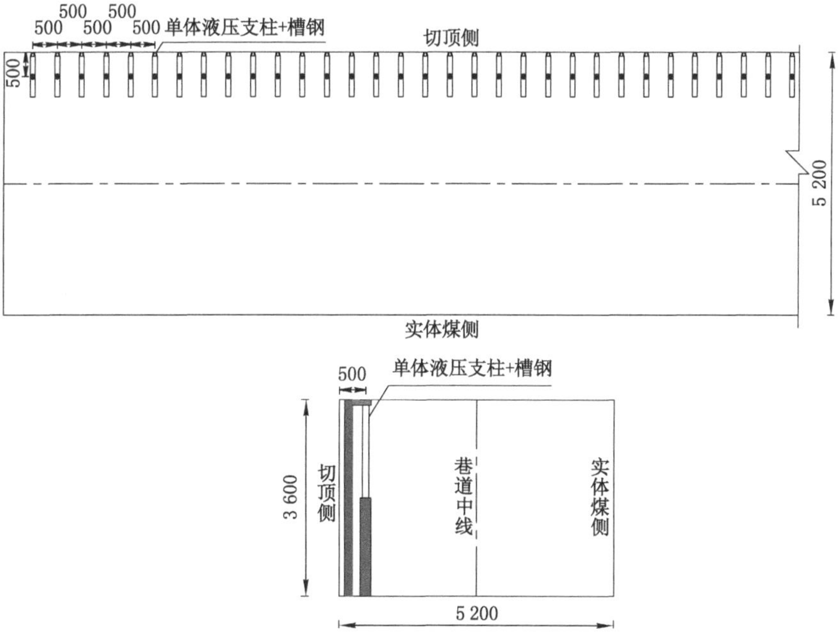

图 6-26 采后成巷稳定区临时支护

6.3.3 坚硬顶板切顶留巷随态支护方案

根据坚硬顶板切顶留巷围岩控制理论与关键技术，提出了 8206 区段回风平巷 900～1 238 m 实验段随态支护方案。随态支护方案根据随态控制原则确定，分为一次成巷阶段和二次复用阶段的支护方案。

6.3.3.1 一次成巷阶段

一次成巷阶段的巷道支护方案如图 6-27 所示。

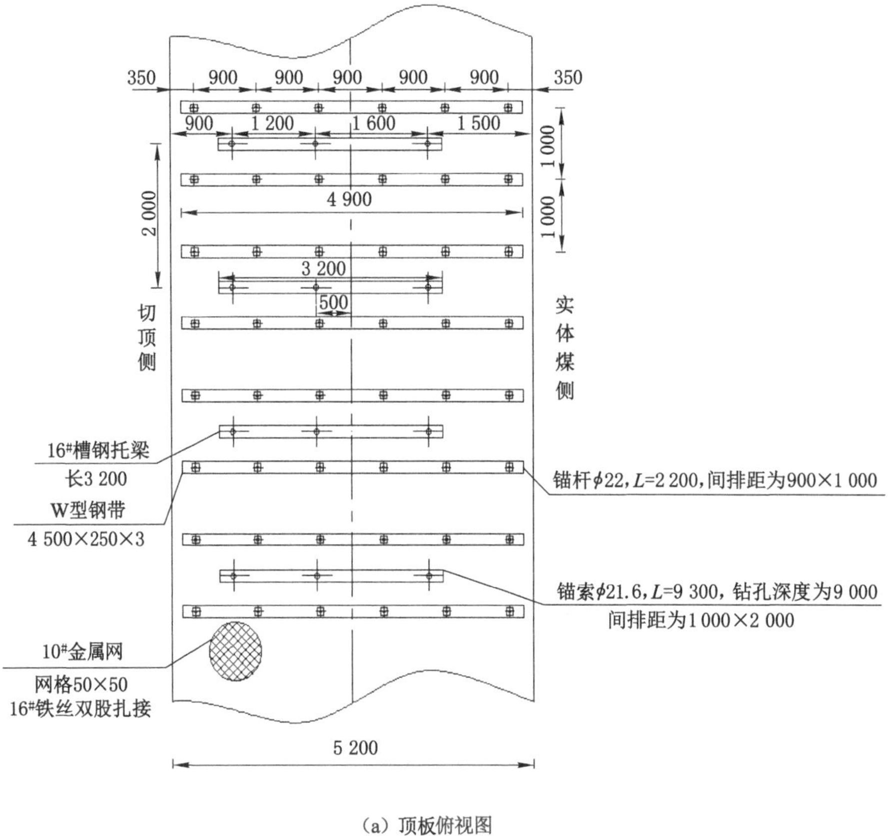

(a) 顶板俯视图

图 6-27 一次成巷阶段的巷道支护方案

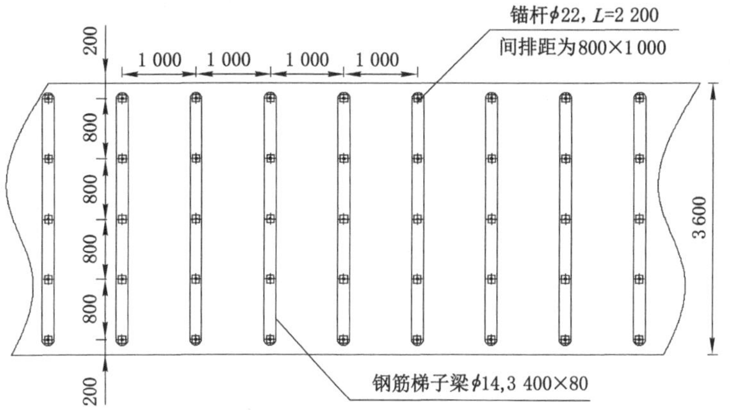

(b) 帮部侧视图

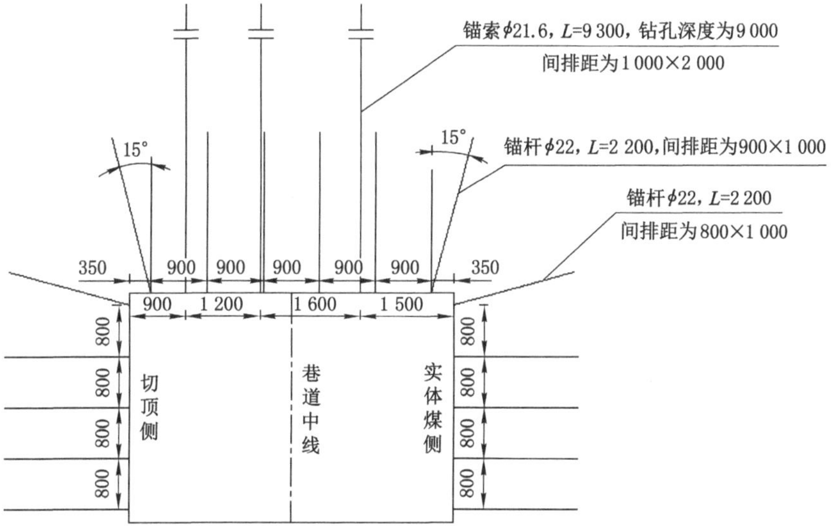

(c) 剖面图

图 6-27(续)

(1) 顶板支护

① "锚杆＋W 型钢带"规格参数。

锚杆规格：ϕ22 mm×2 200 mm 的高强度左旋无纵筋螺纹钢锚杆。杆体屈服强度不低于 335 MPa，极限抗拉强度不低于 455 MPa，延伸率不低于 20%。

锚杆布置：间排距为 900 mm×1 000 mm，每排布置 6 根锚杆。

锚杆角度：垂直于顶板布置。

锚固参数：每根锚杆配套 2 根 MSK2360 树脂锚固剂，锚固力≥120 kN，预紧扭矩≥200 N·m，外露长度为 10～50 mm。

托盘规格：140 mm×140 mm×10 mm（长×宽×厚）的碟形托盘。

金属网规格：孔距为 50 mm×50 mm，网间搭接长度为 100 mm，联网间距为 200 mm，采用 16# 铁丝，双股双边连接，保证搭接紧固。

W 型钢带规格：采用 250/3 型钢带，长 4.5 m，锚孔间距为 900 mm。

② “锚索桁架”规格参数。

锚索规格：ϕ21.6 mm×9 300 mm（19 股）的钢绞线。

锚索布置：每排 3 根锚索，间排距为 1 000 mm×2 000 mm。

锚固参数：3 卷 MSK2360 型树脂锚固剂，外露长度为 150～250 mm。

锚索角度：垂直于顶板布置。

托盘规格：300 mm×300 mm×12 mm（长×宽×厚）的高强度厚钢垫片及配套锁具，托盘材质为 Q235 钢，高度不低于 60 mm，承载能力不低于 355 kN。

槽钢：采用 16# 槽钢，长度为 3.2 m。

（2）帮部支护

“锚杆＋钢筋梯子梁”规格参数。

锚杆规格：ϕ22 mm×2 200 mm 的左旋无纵筋螺纹钢锚杆。

锚杆布置：间排距为 800 mm×1 000 mm，每排布置 4 根锚杆。

锚杆角度：靠近帮上部锚杆呈 15°布置，其余垂直于两帮布置。

锚固参数：2 卷 MSK2360 型树脂锚固剂，预紧扭矩≥200 N·m，外露长度为 10～50 mm。

托盘规格：140 mm×140 mm×10 mm（长×宽×厚）的碟形托盘。

金属网规格：孔距为 50 mm×50 mm，网间搭接长度为 100 mm，联网间距为 200 mm，采用 16# 铁丝，双股双边连接。

钢筋梯子梁：采用 ϕ14 mm 的圆钢焊接而成，规格为 3 400 mm×80 mm，锚孔间距为 800 mm，锚孔直径为 80 mm。

6.3.3.2 二次复用阶段

二次复用阶段的巷道支护方案如图 6-28 所示。

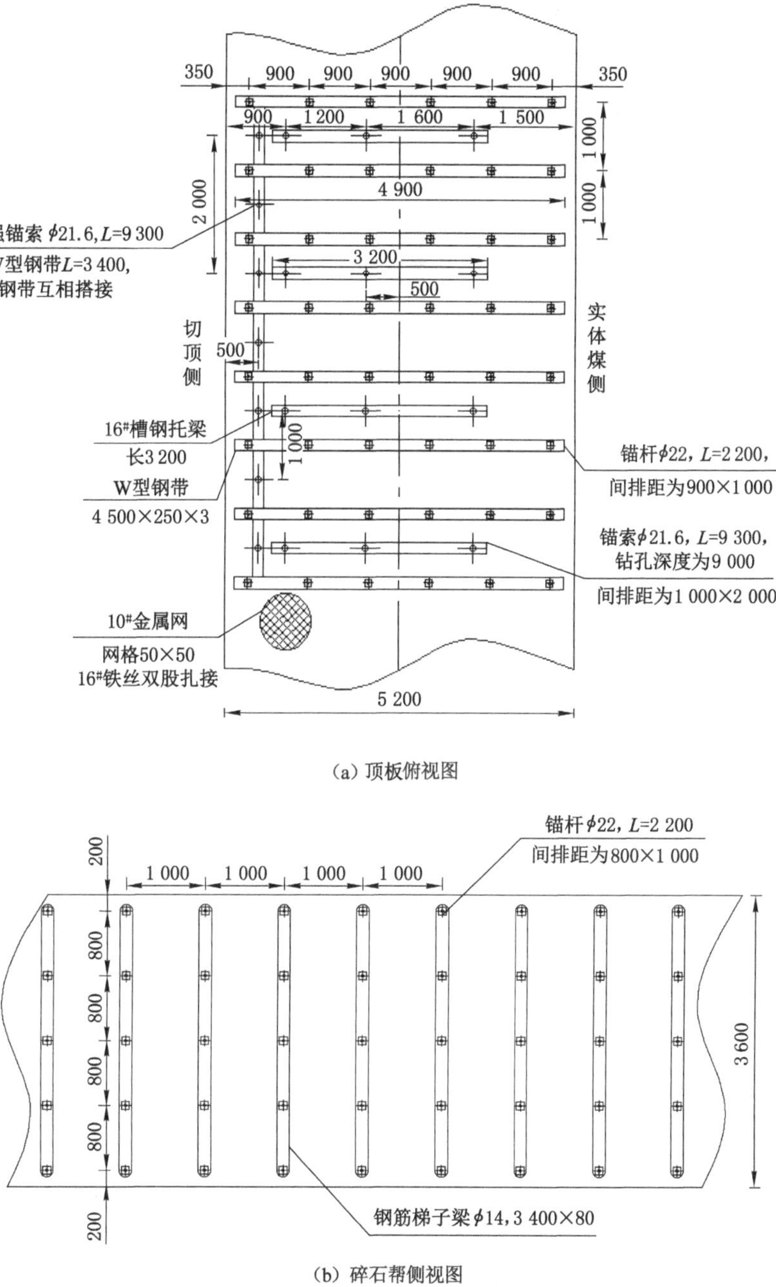

图 6-28 二次复用阶段的巷道支护方案

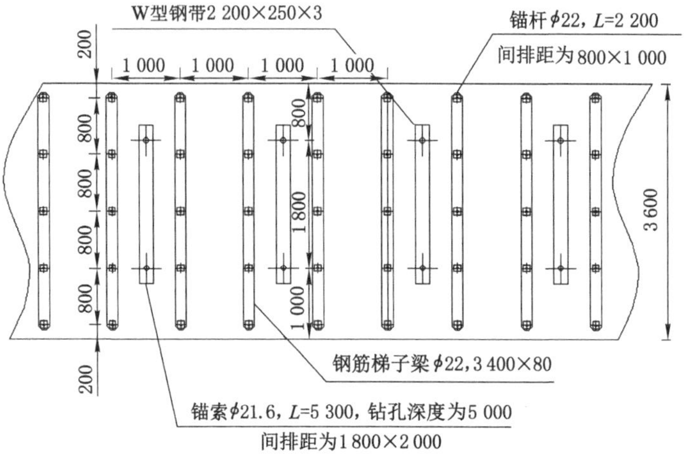

(c) 实体煤帮侧视图

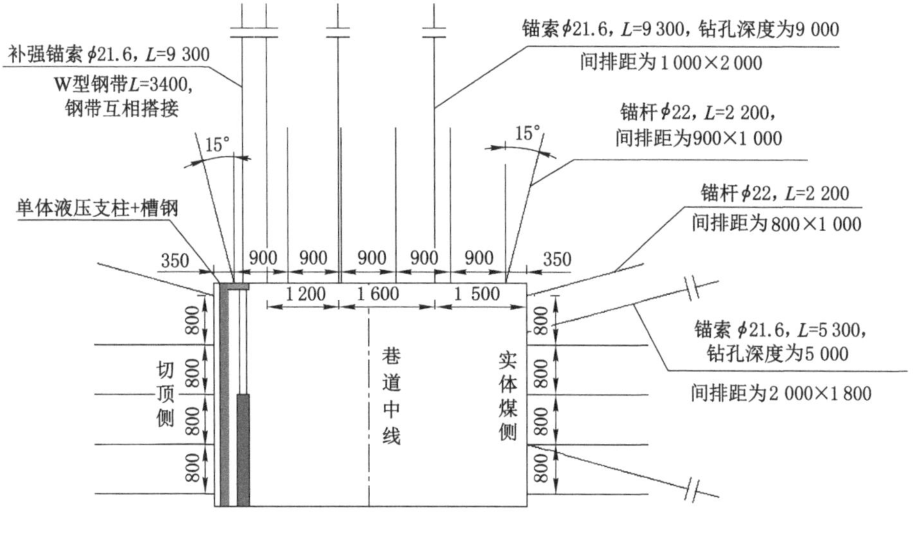

(d) 坡面图

图 6-28(续)

(1) 顶板支护

在一次成巷阶段支护方案的基础上，距切顶线 500 mm 补打了平行于巷道方向的锚索，形式为“锚索＋W 型钢带”。规格参数如下：

锚索规格：ϕ21.6 mm×9 300 mm(19 股)的钢绞线。

锚固参数：每根锚索配套3卷MSK2360型树脂锚固剂，锚固力≥300 kN，外露长度为150～250 mm。

锚索角度：垂直于顶板布置。

托盘规格：300 mm×300 mm×12 mm（长×宽×厚）的高强度厚钢垫片及配套锁具，托盘材质为Q235钢，高度不低于60 mm，承载能力不低于355 kN。

W型钢带：采用250/3型钢带，长4 500 mm，锚孔间距为1 000 mm；钢带间互相搭接。

（2）碎石帮支护

在一次成巷阶段支护方案的基础上，增加了挡矸支护装置，形式为"槽钢+单体液压支柱"，同时悬挂水泥毯。规格参数如下：

槽钢：采用18#槽钢，长3 600 mm，下半段开设有割缝槽（槽深为50 mm，槽开口为10 mm，槽间距为100 mm）；分别在距槽钢上端头和下端头0.5 m处设有用于连接钢丝绳的栓孔，凹槽一侧朝向巷道，平面一侧背靠柔性阻燃水泥毯。

柔性阻燃水泥毯：由纤维基质和水泥基复合材料构成，具有"先柔后刚"的物理力学特性；初始状态为柔性，表层淋水后，逐渐呈现刚性状态。水泥毯之间的搭接长度不小于0.2 m，水泥毯底部与底板接触长度不小于0.3 m，与之前铺设的金属网捆扎固定。

（3）实体煤帮支护

在一次成巷阶段实体煤帮支护方案的基础上补打了锚索，形式为"锚索+W型钢带"，规格参数如下：

锚索规格：规格为ϕ21.6 mm×5 300 mm（7股）的钢绞线。

锚索布置：间排距为1 800 mm×2 000 mm，每排布置2根锚索。

锚固参数：每根锚索配套3卷MSK2360型树脂锚固剂，锚固力≥300 kN，外露长度为150～250 mm。

锚索角度：靠近上帮的锚索钻孔与顶板垂线的夹角为15°。

托盘规格：150 mm×150 mm×10 mm的高强度拱形托盘，钢材屈服强度不低于235 MPa，托盘承载能力不低于配套锚杆杆体屈服载荷的1.3倍，高度不小于拱形底部直径的 1/3。

W 型钢带规格：锚索采用 250/3 型钢带，长 2 200 mm，锚孔间距为 1 800 mm。

6.3.4 矿压观测与支护效果评价

6.3.4.1 矿压观测方案

为验证随态支护方案的有效性和可靠性，对 8201 区段运输平巷(8206 区段回风平巷)900～1 238 m 实验段一次成巷阶段和二次复用阶段巷道围岩收敛变形、顶板离层进行监测；共布置四个测站，测站间距为 50 m(见图 6-29)。

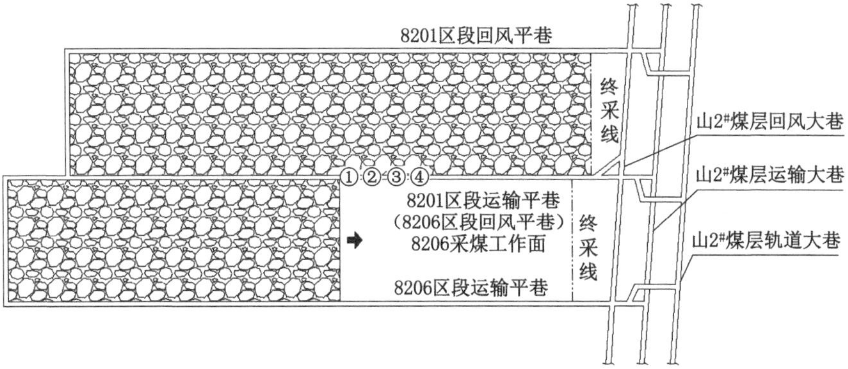

图 6-29　巷道围岩收敛测站布置

(1) 巷道围岩收敛：分别在巷道顶底板设置固定测点，固定测点安装在距切顶帮 1.0 m 处和距实体煤帮 2.0 m 处，采用激光测距仪测量；每 3 天监测 1 次，直至 8201 工作面推过测站时监测完成。

(2) 顶板离层：顶板离层监测采用 GUW240W 型矿用本安型移动传感器。浅基点深度为 3.0 m，深基点深度为 8.5 m，钻孔直径为 32 mm；监测顶板 3.0 m 以下浅部范围内的离层发育和顶板 3.0～8.5 m 范围内的离层发育；采用红外线采集仪，每 7 天采集 1 次数据。

6.3.4.2 支护效果分析

8201 区段运输平巷(8206 区段回风平巷)900～1 238 m 实验段的围岩收敛曲线如图 6-30 所示。一次成巷 30 d 内，约 80%的巷道变形发生在这个时间段内。30 d 后，巷道围岩变形逐渐趋于稳定。其中，切顶侧顶板下沉量最大约为 178 mm，巷道中部顶板约为 134 mm，实体煤侧顶板约为 112 mm。围岩收敛变化整体呈现快速增加而后趋于稳定的趋势。在二次复用阶段，切顶侧顶板、巷道中部顶板、实体煤侧顶板的下沉量分别从 287 mm、245 mm、192 mm 快速下降至 50 mm、30 mm、25 mm。由于相邻工作面开采，二次复用阶段的顶板下沉量有所增加。随着顶板运动趋于稳定，巷道围岩收敛也趋于稳定。

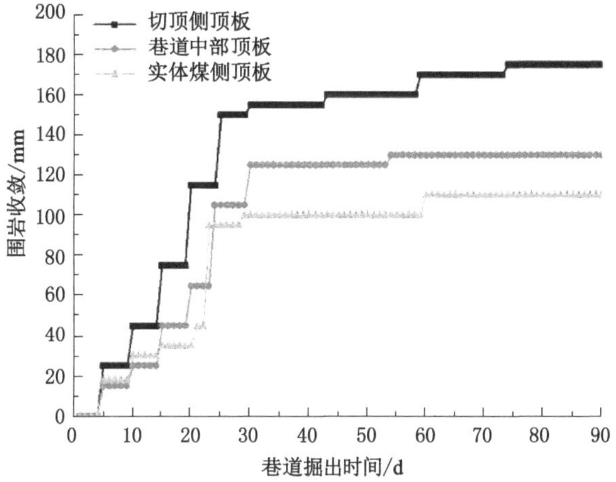

(a) 一次成巷阶段

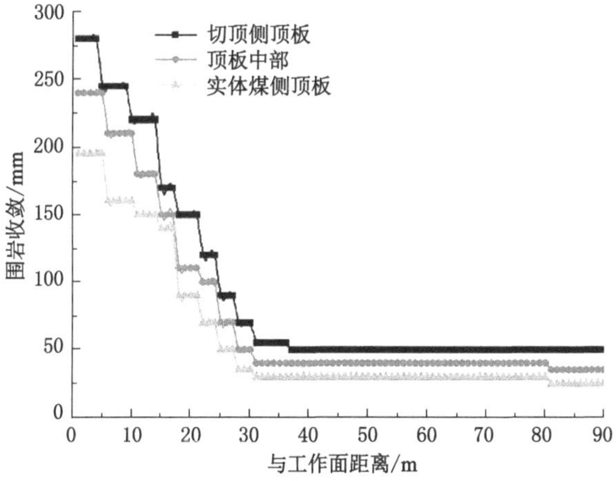

(b) 二次复用阶段

图 6-30 900～1 238 m 巷道实验段的围岩收敛变化

900～1 238 m 巷道实验段的顶板离层变化如图 6-31 所示。深基点离层最终值为 8 mm，浅基点离层最终值为 5 mm。顶板离层在巷道一次成巷 60 d 内趋于稳定，当工作面回采时，顶板离层呈台阶式增长趋势。在巷道二次复用阶段，深基点的顶板离层最终值为 20 mm，浅基点的顶板离层最终值为 13 mm。实测结果表明，随态支护方案有效控制了围岩破坏，起到了良好支护作用。

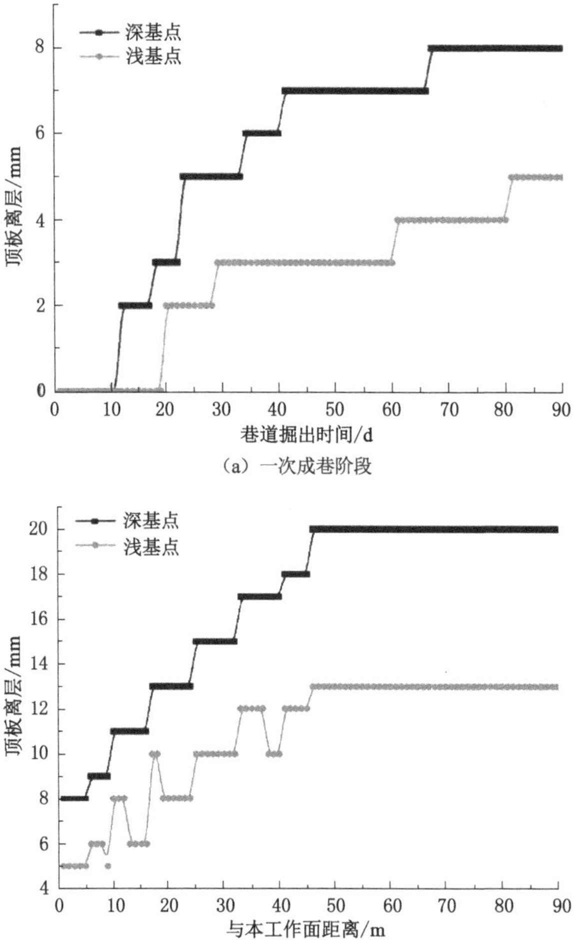

(a) 一次成巷阶段

(b) 二次复用阶段

图 6-31　900～1 238 m 巷道实验段的顶板离层变化

6.4　本章小结

(1) 结合切顶留巷围岩控制工程实践经验，提出了切顶留巷围岩控制的随态控制原则、区块化原则、差异化原则。基于坚硬顶板切顶留巷超前动压影响区、采掘动载作用区、采后成巷稳定区的围岩破坏分区特征，以及一次成巷阶段、二次复用阶段的围岩破坏分阶段特征，提出了切顶留巷围岩随态控制方法。

(2) 基于切顶留巷帮部破坏特征，引入了结构面闭合变形法则阐明了切顶留巷碎石帮本构关系。建立了基于塑性软化边界的切顶留巷顶板下沉-槽钢挡矸-巷内非对称支护的整体稳定性模型。提出了碎石帮挡矸复合加固技术和超前支护段刚柔密强支护技术。

(3) 以大斗沟矿 8201 区段运输平巷(8206 区段回风平巷)900～1 238 m 巷道实验段为工程研究背景，开展了切顶留巷一次成巷阶段和二次复用阶段的随态支护工业性实验。监测结果表明，随态支护方案有效控制了巷道围岩破坏。

7 结 论

本书紧密围绕石炭系坚硬顶板切顶留巷与围岩随态控制两个关键问题,综合运用现场实测、室内实验、数值模拟、钻孔窥视分析和理论分析等方法,分别对石炭系坚硬顶板切顶留巷矿压显现规律、切顶留巷围岩态势演变规律、切顶预裂爆破成巷关键技术、切顶留巷围岩破坏失稳机理、切顶留巷围岩随态控制方法进行了系统研究,并成功应用于切顶留巷工程实践。获得以下结论:

(1) 现场实测结果表明:① 切顶留巷超前支护段围岩变形严重。超前支护段 43 m 内的围岩变形呈现鲜明的非对称破坏特征,靠近切顶侧顶板下沉和底鼓大于靠近实体煤侧顶板。② 切顶留巷巷道矿压显现主要表征为钢带断裂弯折、锚杆索脱落失效、顶板浅部断裂、U29 型钢弯折,显著降低了护顶效果。③ 统计实测了 8201 工作面区段运输平巷(8206 工作面区段回风平巷)沿走向 0～700 m 的悬顶位置和悬顶面积,悬顶长度最大为 25 m,悬顶面积最大可达 250 m^2。

(2) 山 2# 煤层顶板为粗粒砂岩、细砂岩、粉砂质泥岩、煌斑岩,粉砂质泥岩、煌斑岩、细砂岩、粗粒砂岩的岩体基本质量指标分别为 349.87、621.5、392.72、603.77,基本质量级别分别为Ⅳ、Ⅰ、Ⅲ、Ⅰ类,属于较坚硬～坚硬顶板类型。

(3) 无煤柱开采工作面和切顶巷道的矿压显现具有“双不对称”特征。工作面上部(未切顶侧)和中部来压明显且来压强度较大,工作面下部(切顶侧)来压强度较小,来压强度为工作面中部＞工作面未切顶侧＞工作面切顶侧。实体煤侧顶板下沉量小,而切顶侧和顶板中部的顶板下沉量大。顶板下沉量为巷道切顶侧＞巷道顶板中部＞巷道实体煤侧。切顶留巷超前支护段顶板浅部破坏以离层、纵向裂隙和围岩破碎为主;顶板深部以纵向裂隙为主,部分钻孔存在围岩破碎。

(4) 切顶卸压显著加快了靠近切顶侧顶板的垮落速度,但也增强了靠近切顶侧顶板对碎石帮的侧向冲击强度。切顶留巷在一次成巷阶段和二次复用阶段的偏应力第二不变量、第三不变量分布具有明显的“分区特征”,可分为持续增长区(实体煤帮以里 10 m 至实体煤帮)、快速下降区(巷道区域、碎石帮),总体呈逐渐增大→突降→趋于稳定的趋势。二次复用阶段,偏应力第二不变量减小,巷道围岩畸变能蓄积能力减弱。切顶促使偏应力第二不变量、第三不变量峰值向围岩深部转移,巷道顶板 5 m 范围内的卸压效果显著。切顶促使围岩位移和应力分布呈现显著的“不对称分布”特征。

(5) 数值模拟对比分析了单孔聚能爆破和双孔聚能爆破效果,验证了岩体在聚能爆破劈裂作用下能够有效破岩成缝。预裂爆破过程分为起裂阶段、持续延伸阶段、延伸突增阶段。压应力以“压应力环”形态向岩体内部传播,随着“压应力环”半径与应力集中程度逐渐增大,裂纹持续向孔间岩体内部传播。“压应力环”叠加形成压应力高度集中区,促使裂纹快速延伸贯通。裂纹延伸与“压应力环”传播紧密相关。

(6) 阐明了孔间距分别为 400 mm、500 mm、600 mm 时的裂纹延伸规律和压应力传播规律。孔间距为 400 mm 时,应力叠加作用强、应力集中程度高,裂纹贯通速度快;孔间距为 500 mm 时,裂纹贯通效果好;孔间距为 600 mm 时,应力叠加作用较弱,裂纹无法贯通。明晰了切顶高度分别为 7 m、9 m、11 m 时以及切顶角度分别为 5°、15°、25°时的围岩应力场和位移场分布特征。当切顶高度为 9 m、切顶角度为 15°、装药结构为“4+4+3+3+2”、单次起爆孔数为 3 个、封孔长度为 2.8 m 时,切顶效果良好。

(7) 开展了深浅孔组合爆破、分段创造导向孔爆破、新型 D 型聚能管爆破、三向卸压聚能预裂爆破实验。针对坚硬顶板切顶爆破过程中出现的悬顶,研发了一种三向卸压聚能预裂爆破装置,物理相似模拟实验和现场实验效果表明三向卸压聚能预裂爆破装置能有效沿凹槽和环形孔方向劈裂岩体,能够预裂顶板岩体形成三向裂缝,攻克了大面积悬顶难题,有效防控了大面积悬顶垮落诱发的矿山动力灾害。

(8) 基于坚硬顶板切顶留巷帮部破坏特征，建立了反映煤岩体峰前、峰后及残余变形全阶段的围岩稳定性分析模型，求解获得了实体煤帮水平位移、水平应力和界面剪切应力表达式：

$$u_s(x)=\frac{e^{a(x-x_2)}}{2}\left(\frac{\lambda\tau_{zm}}{E\alpha}+\frac{\tau_e}{\xi}\right)+\frac{e^{a(x_2-x)}}{2}\left(-\frac{\lambda\tau_{zm}}{E\alpha}+\frac{\tau_e}{\xi}\right)+u_e-\frac{\tau_e}{\xi}$$

$$\sigma_s(x)=\frac{e^{a(x-x_2)}}{2}\left(\lambda\tau_{zm}+\frac{\tau_e}{E\alpha\xi}\right)-\frac{e^{a(x_2-x)}}{2}\left(-\lambda\tau_{zm}+\frac{\tau_e}{E\alpha\xi}\right)$$

$$\tau_s(x)=\frac{e^{a(x-x_2)}}{2}\left(\frac{\lambda\tau_{zm}\xi}{E\alpha}+\tau_e\right)+\frac{e^{a(x_2-x)}}{2}\left(-\frac{\lambda\tau_{zm}\xi}{E\alpha}+\tau_e\right)$$

求解获得了碎石帮侧水平位移、水平应力和界面剪切应力表达式：

$$u_s(x)=\frac{e^{a(x-x_5)}}{2}\left(\frac{\lambda\tau_{qm}}{E\alpha}+\frac{\tau_{s0}}{\xi}\right)+\frac{e^{a(x_5-x)}}{2}\left(-\frac{\lambda\tau_{qm}}{E\alpha}+\frac{\tau_{s0}}{\xi}\right)+u_{s0}-\frac{\tau_{s0}}{\xi}$$

$$\sigma_s(x)=\frac{e^{a(x-x_5)}}{2}\left(\lambda\tau_{qm}+\frac{\tau_{s0}}{E\alpha\xi}\right)-\frac{e^{a(x_5-x)}}{2}\left(-\lambda\tau_{qm}+\frac{\tau_{s0}}{E\alpha\xi}\right)$$

$$\tau_s(x)=\frac{e^{a(x-x_5)}}{2}\left(\frac{\lambda\tau_{qm}\xi}{E\alpha}+\tau_{s0}\right)+\frac{e^{a(x_5-x)}}{2}\left(-\frac{\lambda\tau_{qm}\xi}{E\alpha}+\tau_{s0}\right)$$

(9) 基于基本顶破断位置与切顶留巷相对空间位置，探析了基本顶结构断裂位置分别位于切顶留巷巷道上方、切顶侧采空区上方、实体煤帮上方的切顶留巷围岩破坏机理，并明晰了不同情形下巷道顶板、实体煤帮、碎石帮破坏特征。根据本工作面回采前、本工作面回采过程中、相邻区段工作面回采过程中覆岩运动特征，分析了关键块体 A、B_1、B_2 运动对切顶留巷围岩破坏的时空影响特征。明确了本工作面回采过程中的围岩控制重点在于碎石帮、顶板，相邻区段工作面回采过程中的围岩控制重点在于实体煤帮。

(10) 基于坚硬顶板切顶留巷“顶-帮”互馈过程，构建了切顶留巷围岩结构系统稳定性理论计算模型，推导得出切顶留巷实体煤帮、碎石帮的变形协调方程以及变形量表达式。切顶留巷碎石帮变形协调方程：

$$\begin{aligned}\Delta_s&=W_{D(F_Z)}+W_{D(F_S)}+W_{D(p_i)}+W_{D(q_x)}\\&=\frac{8F_Za_4^3+6F_Sa_1^3(3a_4-a_1)+p_i[3a_3^4-4a_2^3a_3+a_2^4+4(a_3^3-a_2^3)(a_4-a_3)]}{24EI}+\\&\quad w_{q1}(b_3)+w_{q2}(b_3)+w_{q3}(b_3)+w_{q4}(b_3)\end{aligned}$$

切顶留巷实体煤帮变形协调方程：

$$
\begin{aligned}
\Delta_{\mathrm{m}} &= W_{A(F_{\mathrm{Z}})} + W_{A(F_{\mathrm{S}})} + W_{A(p_{\mathrm{i}})} + W_{A(q_{\mathrm{x}})} \\
&= \frac{2F_{\mathrm{Z}}a_1^2(3a_4 - a_1) + 4F_{\mathrm{S}}a_1^3 + 3p_{\mathrm{i}}a_3^2a_1^2 - 2p_{\mathrm{i}}a_3a_1^3}{12EI} + \\
&\quad w_{q1}(a_1) + w_{q2}(a_1) + w_{q3}(a_1) + w_{q4}(a_1)
\end{aligned}
$$

（11）根据坚硬顶板切顶留巷围岩稳定性分析，得出了切顶留巷围岩失稳机理为切顶结构关键块体运动活化、应力场环境复杂易变、应力重新分布、支护结构体匹配性差。相应的围岩控制要求为有效控制切顶留巷围岩不对称破坏，切顶留巷碎石帮挤压外鼓，以及多次采掘扰动下的顶板破坏。

（12）结合切顶留巷围岩控制工程实践经验，提出了切顶留巷围岩控制的随态控制原则、区块化原则、差异化原则。基于坚硬顶板切顶留巷超前动压影响区、采掘动载作用区、采后成巷稳定区的围岩破坏分区特征，以及一次成巷阶段、二次复用阶段的围岩破坏分阶段特征，提出了切顶留巷围岩随态控制方法。

（13）基于切顶留巷实体煤帮和碎石帮破坏特征，推导获得了切顶留巷帮部煤岩体本构方程。分别获得了实体煤帮破碎区、塑性区、弹性区本构关系，并推导得出了本构方程。引入了结构面闭合变形法则用于解释碎石帮本构关系，分别获得了靠近切顶侧碎石区、中部碎石区、靠近自然垮落区的碎石区的本构关系并推导得出了本构方程。建立了基于塑性软化边界的切顶留巷顶板下沉-槽钢挡矸-巷内非对称支护的整体稳定性模型。

（14）针对坚硬顶板切顶留巷围岩破坏特征，在围岩随态控制方法基础上，提出了碎石帮挡矸复合加固技术和超前支护段刚柔密强支护技术，并形成了切顶留巷碎石帮侧快速密封工艺。以8201区段运输平巷（8206区段回风平巷）900～1 238 m实验段为工业性实验背景，分别实施应用了切顶留巷一次成巷阶段、二次复用阶段的支护方案。矿压监测结果表明巷道围岩控制效果良好。

参考文献

[1] 孙旭东,张蕾欣,张博.碳中和背景下我国煤炭行业的发展与转型研究[J].中国矿业,2021,30(2):1-6.

[2] 袁怀宇,李风琦."双碳"目标影响供给侧结构性改革的机制与应对策略[J].理论探讨,2022(1):140-145.

[3] 黄群慧.论中国工业的供给侧结构性改革[J].中国工业经济,2016(9):5-23.

[4] 鞠建华,强海洋.中国矿业绿色发展的趋势和方向[J].中国矿业,2017,26(2):7-12.

[5] 王国法,王虹,任怀伟,等.智慧煤矿2025情景目标和发展路径[J].煤炭学报,2018,43(2):295-305.

[6] 刘峰,郭林峰,赵路正.双碳背景下煤炭安全区间与绿色低碳技术路径[J].煤炭学报,2022,47(1):1-15.

[7] 郭克莎.中国产业结构调整升级趋势与"十四五"时期政策思路[J].中国工业经济,2019(7):24-41.

[8] 刘长友,杨敬轩,于斌,等.多采空区下坚硬厚层破断顶板群结构的失稳规律[J].煤炭学报,2014,39(3):395-403.

[9] 杨敬轩,刘长友,于斌,等.坚硬厚层顶板群结构破断的采场冲击效应[J].中国矿业大学学报,2014,43(1):8-15.

[10] HE M C,GAO Y B,YANG J,et al. An innovative approach for gob-side entry retaining in thick coal seam longwall mining[J]. Energies,2017,10(11):1785.

[11] 朱珍,何满潮,王琦,等.柠条塔煤矿自动成巷无煤柱开采新方法[J].中

国矿业大学学报,2019,48(1):46-53.
[12] 张国锋,何满潮,俞学平,等.白皎矿保护层沿空切顶成巷无煤柱开采技术研究[J].采矿与安全工程学报,2011,28(4):511-516.
[13] 马庆云,汤建泉.覆岩运动与破坏过程的问题探讨[J].矿山压力与顶板管理,2000,17(2):32-34,89.
[14] 张向东,范学理,赵德深.覆岩运动的时空过程[J].岩石力学与工程学报,2002,21(1):56-59.
[15] 钱鸣高,石平五,许家林.矿山压力与岩层控制[M].2 版.徐州:中国矿业大学出版社,2010.
[16] 钱鸣高,缪协兴,何富连.采场"砌体梁"结构的关键块分析[J].煤炭学报,1994,19(6):557-563.
[17] 宋振骐,蒋金泉.煤矿岩层控制的研究重点与方向[J].岩石力学与工程学报,1996,15(2):33-39.
[18] 迟宝锁,王建文,刘辉,等.无煤柱自成巷工法留巷全周期矿压显现规律研究[J].煤炭科学技术,2020,48(9):123-129.
[19] WANG Y J, WANG Q, TIAN X C, et al. Stress and deformation evolution characteristics of gob-side entry retained by roof cutting and pressure relief [J]. Tunnelling and underground space technology, 2022,123:104419.
[20] YU B, TAI Y, GAO R, et al. The sustainable development of coal mines by new cutting roof technology[J]. Royal society open science, 2020, 7(6):191913.
[21] 陈上元,赵波,袁越,等.城郊矿深部工作面切顶留巷工程试验研究[J].采矿与安全工程学报,2021,38(1):121-129.
[22] ZHANG Q, HE M C, GUO S, et al. Investigation on the key techniques and application of the new-generation automatically formed roadway without coal pillars by roof cutting[J]. International journal of rock mechanics and mining sciences, 2022, 152:105058.
[23] 朱珍.切顶成巷无煤柱开采围岩结构特征及其控制[D].北京:中国矿

业大学(北京),2019.

[24] 马资敏.店坪矿中厚煤层切顶成巷覆岩运动特征及矿压规律研究[D].北京:中国矿业大学(北京),2019.

[25] 高玉兵.柠条塔煤矿厚煤层110工法关键问题研究[D].北京:中国矿业大学(北京),2018.

[26] GAO Y B,LIU D Q,ZHANG X Y,et al. Analysis and optimization of entry stability in underground longwall mining [J]. Sustainability, 2017,9(11):2079.

[27] 杨朋.深井沿空留巷围岩变形演化特征及其控制[D].淮南:安徽理工大学,2018.

[28] 杨朋,华心祝,杨科,等.深井复合顶板条件下沿空留巷顶板变形特征试验及控制对策[J].采矿与安全工程学报,2017,34(6):1067-1074.

[29] 甄恩泽.金凤矿倾斜厚煤层切顶成巷围岩结构特征及矿压规律研究[D].北京:中国矿业大学(北京),2020.

[30] 王炯,朱道勇,宫伟力,等.切顶卸压自动成巷岩层运动规律物理模拟实验[J].岩石力学与工程学报,2018,37(11):2536-2547.

[31] 王亚军,何满潮,杨军,等.无煤柱自成巷"短臂梁"结构特征及变形计算分析[J].中国矿业大学学报,2019,48(4):718-726,759.

[32] 马资敏,郭志飚,陈上元,等.深部中厚煤层切顶留巷围岩变形规律与控制研究[J].煤炭科学技术,2018,46(2):112-118,242.

[33] MA Z M,WANG J,HE M C,et al. Key technologies and application test of an innovative noncoal pillar mining approach:a case study[J]. Energies,2018,11(10):2853.

[34] 陈上元,何满潮,郭志飚,等.深部沿空切顶成巷围岩稳定性控制对策[J].工程科学与技术,2019,51(5):107-116.

[35] 陈上元,何满潮,王洪建,等.深井沿空切顶巷道围岩协同控制及应力演化规律[J].采矿与安全工程学报,2019,36(4):660-669.

[36] 高玉兵,王炯,高海南,等.断层构造影响下切顶卸压自动成巷矿压规律及围岩控制[J].岩石力学与工程学报,2019,38(11):2182-2193.

[37] 杨军，付强，高玉兵，等. 断层影响下无煤柱自成巷围岩运动及矿压规律[J]. 中国矿业大学学报，2019，48(6)：1238-1247.

[38] 安博，郑小慧，朱淳，等. 基于切顶短壁梁理论的浅煤层矿压分布规律数值模拟分析[J]. 矿业科学学报，2019，4(2)：102-111.

[39] 何满潮，高玉兵，杨军，等. 无煤柱自成巷聚能切缝技术及其对围岩应力演化的影响研究[J]. 岩石力学与工程学报，2017，36(6)：1314-1325.

[40] 何满潮，高玉兵，杨军，等. 厚煤层快速回采切顶卸压无煤柱自成巷工程试验[J]. 岩土力学，2018，39(1)：254-264.

[41] ZHU H Z，WEN Z J，XU L，et al.Key technology of gob-side entry retained by roof cutting without coal pillar for hard main roof：a typical case study[J]. Journal of Central South University，2023，30(12)：4097-4121.

[42] 张勇，申付新，孙晓明，等. 三软煤层切顶成巷二次复用围岩应力及变形演化规律[J]. 中国矿业大学学报，2020，49(2)：247-254.

[43] 高玉兵，杨军，王琦，等. 无煤柱自成巷预裂切顶机理及其对矿压显现的影响[J]. 煤炭学报，2019，44(11)：3349-3359.

[44] WANG Q，WANG Y，HE M C，et al. Experimental study on the mechanism of pressure releasing control in deep coal mine roadways located in faulted zone[J].Geomechanics and geophysics for geo-energy and geo-resources，2022，8(2)：50.

[45] 郭鹏飞，张国锋，陶志刚. 坚硬软弱复合顶板切顶卸压沿空留巷爆破技术[J]. 煤炭科学技术，2016，44(10)：120-124.

[46] 王巨光，王刚. 切顶卸压沿空留巷技术探讨[J]. 煤炭工程，2012，44(1)：24-26.

[47] 刘衍利，黎卫兵，黄星源.切顶卸压爆破技术在沿空留巷中的应用[J]. 煤矿安全，2014，45(6)：132-135.

[48] 华心祝，刘啸，黄志国，等. 动静耦合作用下无煤柱切顶留巷顶板成缝与稳定机理[J]. 煤炭学报，2020，45(11)：3696-3708.

[49] GAO H N，GAO Y B，WANG J，et al. Study on bidirectional blasting technology for composite sandstone roof in gob-side entry-retaining

mining method[J].Applied sciences,2021,11(16):7524.

[50] 马新根,何满潮,李钊,等.复合顶板无煤柱自成巷切顶爆破设计关键参数研究[J].中国矿业大学学报,2019,48(2):236-246,277.

[51] GAO Y B,WANG Y J,YANG J,et al. Meso- and macroeffects of roof split blasting on the stability of gateroad surroundings in an innovative nonpillar mining method[J]. Tunnelling and underground space technology, 2019,90:99-118.

[52] 何满潮,郭鹏飞,王炯,等. 禾二矿浅埋破碎顶板切顶成巷试验研究[J]. 岩土工程学报,2018,40(3):391-398.

[53] 朱珍,张科学,何满潮,等. 无煤柱无掘巷开采自成巷道围岩结构控制及工程应用[J]. 煤炭学报,2018,43(增刊 1):52-60.

[54] 栾恒杰. 沿空留巷顶板切落特性与锚固控制机制试验研究[D].青岛:山东科技大学,2018.

[55] 张国锋,苗沛沛,王二雨,等.浅埋沿空留巷切缝顶板断裂条件及移动规律研究[J]. 矿业科学学报,2017(2):109-119.

[56] 刘婷婷,李建春,李海波,等. 剪切速率对平直充填节理的剪切力学特性影响研究[J]. 岩土力学,2017,38(7):1967-1973,1989.

[57] 谢和平,高峰,周宏伟,等. 岩石断裂和破碎的分形研究[J]. 防灾减灾工程学报,2003,23(4):1-9.

[58] 左建平,裴建良,刘建锋,等. 煤岩体破裂过程中声发射行为及时空演化机制[J]. 岩石力学与工程学报,2011,30(8):1564-1570.

[59] 左建平,孙运江,刘文岗,等. 浅埋大采高工作面顶板初次断裂爆破机理与力学分析[J]. 煤炭学报,2016,41(9):2165-2172.

[60] 刘健,刘泽功,高魁,等. 深孔定向聚能爆破增透机制模拟试验研究及现场应用[J]. 岩石力学与工程学报,2014,33(12):2490-2496.

[61] 刘健,刘泽功,高魁,等. 不同装药模式爆破载荷作用下煤层裂隙扩展特征试验研究[J]. 岩石力学与工程学报,2016,35(4):735-742.

[62] 高魁,刘泽功,刘健,等. 爆破应力波在构造带煤岩的传播规律及破坏特征[J]. 煤炭学报,2018,43(增刊 1):79-86.

[63] 胡超文,王俊虎,何满潮,等.中厚煤层切顶卸压无煤柱自成巷技术关键参数研究[J].煤炭科学技术,2022,50(4):117-123.

[64] 宋文军.哈拉沟矿切顶留巷切缝设计与工作面支承压力研究[D].青岛:山东科技大学,2017.

[65] 张彦.深井无巷旁充填切顶卸压沿空留巷关键切顶参数及围岩控制研究[D].淮南:安徽理工大学,2019.

[66] GONG S,TAN Y,LIU Y P,et al. Application of presplitting blasting technology in surrounding rock control of gob-side entry retaining with hard roof:a case study[J]. Advances in materials science and engineering,2021(1):1-17.

[67] ZHU H Z,XU L,WEN Z J. Ground response and failure mechanism of gob-side entry by roof cutting with hard main roof[J].Journal of Central South University,2024,31(7):2488-2512.

[68] 郭金刚,李耀晖,石松豪,等.厚硬基本顶切顶卸压成巷及围岩控制技术[J].煤炭学报,2021,46(9):2853-2864.

[69] 赵社会,张广杰,王文.深埋薄基岩综放工作面切顶卸压沿空留巷围岩协同控制技术研究[J].河南理工大学学报(自然科学版),2022,41(1):29-42.

[70] SUN X M,ZHAO C W,LI G,et al.Physical model experiment and numerical analysis on innovative gob-side entry retaining with thick and hard roofs[J].Arabian journal of geosciences,2020,13(23):1245.

[71] 王自卫,刘建平,刘阳.KLJ7 型矿用智能链臂切顶机在小煤柱留设开采技术中的应用[J].中国煤炭,2020,46(7):46-52.

[72] 陈效栋.KLJ7 智能链臂切顶机设计[J].煤矿机械,2019,40(7):112-113.

[73] 张彦禄,王步康,张小峰,等.我国连续采煤机短壁机械化开采技术发展40 a 与展望[J].煤炭学报,2021,46(1):86-99.

[74] 戚福周.高应力沿空掘巷切顶卸压围岩变形机理及控制研究[D].徐州:中国矿业大学,2020.

[75] 康红普.我国煤矿巷道围岩控制技术发展70年及展望[J].岩石力学与工程学报,2021,40(1):1-30.
[76] 别小飞,王文,唐世界,等.深井高应力切顶卸压沿空掘巷围岩控制技术[J].煤炭科学技术,2020,48(9):173-179.
[77] 陈上元,宋常胜,郭志飚,等.深部动压巷道非对称变形力学机制及控制对策[J].煤炭学报,2016,41(1):246-254.
[78] 高玉兵,郭志飚,杨军,等.沿空切顶巷道围岩结构稳态分析及恒压让位协调控制[J].煤炭学报,2017,42(7):1672-1681.
[79] 高玉兵,杨军,何满潮,等.厚煤层无煤柱切顶成巷碎石帮变形机制及控制技术研究[J].岩石力学与工程学报,2017,36(10):2492-2502.
[80] WANG Q,HE M C,YANG J,et al. Study of a no-pillar mining technique with automatically formed gob-side entry retaining for longwall mining in coal mines[J]. International journal of rock mechanics and mining sciences,2018,110:1-8.
[81] 王亚军,何满潮,张科学,等.无煤柱自成巷开采巷道矿压显现特征及控制对策[J].采矿与安全工程学报,2018,35(4):677-685.
[82] 刘啸.深井切顶留巷顶板稳定与协同控制研究[D].淮南:安徽理工大学,2020.
[83] 吴顺川.岩石力学[M].北京:高等教育出版社,2021.
[84] 郑颖人,刘兴华.近代非线性科学与岩石力学问题[J].岩土工程学报,1996,18(1):98-100.
[85] 林英松,葛洪魁,王顺昌.岩石动静力学参数的试验研究[J].岩石力学与工程学报,1998,17(2):216-222.
[86] 杜时贵,许四法,杨树峰,等.岩石质量指标RQD与工程岩体分类[J].工程地质学报,2000,8(3):351-356.
[87] ZHANG W,CHEN J P,CAO Z X,et al. Size effect of RQD and generalized representative volume elements:a case study on an underground excavation in Baihetan dam,Southwest China[J].Tunnelling and underground space technology,2013,35:89-98.

[88] 国家质量监督检验检疫总局，中国国家标准化管理委员会.预应力混凝土用钢绞线：GB/T 5224—2014[S]. 北京：中国标准出版社，2015.
[89] 国家发展和改革委员会.矿用锚索：MT/T 942—2005[S].北京：中国标准出版社，2005.
[90] 王建文，王世彬，杨军，等.切顶卸压沿空留巷顶板破坏机理及控制技术[J].煤炭科学技术，2017，45(8)：80-84.
[91] 刘长武，郭永峰，姚精明.采矿相似模拟试验技术的发展与问题：论发展三维采矿物理模拟试验的意义[J].中国矿业，2003，12(8)：8-10.
[92] 尤明庆.岩石强度准则的数学形式和参数确定的研究[J].岩石力学与工程学报，2010，29(11)：2172-2184.
[93] SONMEZ H，GOKCEOGLU C，NEFESLIOGLU H A，et al. Estimation of rock modulus：for intact rocks with an artificial neural network and for rock masses with a new empirical equation[J].International journal of rock mechanics and mining sciences，2006，43(2)：224-235.
[94] HOEK E，BROWN E T.Practical estimates of rock mass strength[J]. International journal of rock mechanics and mining sciences，1997，34(8)：1165-1186.
[95] 王永秀，毛德兵，齐庆新. 数值模拟中煤岩层物理力学参数确定的研究[J]. 煤炭学报，2003，28(6)：593-597.
[96] 蔡美峰. 岩石力学与工程[M]. 2 版. 北京：科学出版社，2013：44-57.
[97] 陈晓祥，谢文兵，荆升国，等. 数值模拟研究中采动岩体力学参数的确定[J]. 采矿与安全工程学报，2006，23(3)：341-345.
[98] 郭奇峰，武旭，蔡美峰，等. 预制裂隙花岗岩的裂纹起裂机理试验研究[J]. 煤炭学报，2019，44(增刊 2)：476-483.
[99] CAI M，KAISER P K，TASAKA Y，et al.Generalized crack initiation and crack damage stress thresholds of brittle rock masses near underground excavations[J].International journal of rock mechanics and mining sciences，2004，41(5)：833-847.
[100] 陈明祥.弹塑性力学[M]. 北京：科学出版社，2007.

[101] 王仲仁,张琦.偏应力张量第二及第三不变量在塑性加工中的作用[J].塑性工程学报,2006,13(3):1-5.

[102] 郑雨天.岩石力学的弹塑粘性理论基础[M].北京:煤炭工业出版社,1988.

[103] 许磊.近距离煤柱群底板偏应力不变量分布特征及应用[D].北京:中国矿业大学(北京),2014.

[104] 王乐,郭连军,张大宁,等.双向线形聚能预裂爆破技术及其降震效果研究[J].矿业研究与开发,2015,35(7):27-30.

[105] 唐海,梁开水,游钦峰.预裂爆破成缝机制及其影响因素的探讨[J].爆破,2010,27(3):41-44.

[106] 宋立兵.神东矿区切顶卸压成巷技术研究[J].煤炭科学技术,2016,44(8):80-85.

[107] 何满潮,曹伍富,单仁亮,等.双向聚能拉伸爆破新技术[J].岩石力学与工程学报,2003,22(12):2047-2051.

[108] JIANG L S,KONG P,SHU J M,et al.Numerical analysis of support designs based on a case study of a longwall entry[J].Rock mechanics and rock engineering,2019,52(9):3373-3384.

[109] 陈士海.现代钻爆理论与技术[M].北京:煤炭工业出版社,1998.

[110] 罗勇,崔晓荣,沈兆武.聚能爆破在岩石控制爆破技术中的应用研究[J].力学季刊,2007,28(2):234-239.

[111] 罗勇,沈兆武.聚能药包在岩石定向断裂爆破中的应用研究[J].爆炸与冲击,2006,26(3):250-255.

[112] NING Y J,YANG J,MA G W,et al.Modelling rock blasting considering explosion gas penetration using discontinuous deformation analysis[J].Rock mechanics and rock engineering,2011,44(4):483-490.

[113] POTYONDY D O.Simulating stress corrosion with a bonded-particle model for rock[J].International journal of rock mechanics and mining sciences,2007,44(5):677-691.

[114] 李民族,马资敏,薛定亮,等.坚硬顶板深浅孔组合聚能爆破技术研究

及应用[J].矿业科学学报,2020,5(6):616-623.
[115] 赵善坤.深孔顶板预裂爆破与定向水压致裂防冲适用性对比分析[J].采矿与安全工程学报,2021,38(4):706-719.
[116] 陈勇,郝胜鹏,陈延涛,等.带有导向孔的浅孔爆破在留巷切顶卸压中的应用研究[J].采矿与安全工程学报,2015,32(2):253-259.
[117] LIU X Y,HE M C,WANG J,et al. Research on non-pillar coal mining for thick and hard conglomerate roof[J].Energies,2021,14(2):299.
[118] 刘殿书,李胜林.爆破工程[M].北京:科学出版社,2011.
[119] 朱万成,唐春安,杨天鸿,等.岩石破裂过程分析用($RFPA^{2D}$)系统的细观单元本构关系及验证[J].岩石力学与工程学报,2003,22(1):24-29.
[120] 穆朝民,王海露,黄文尧,等.高瓦斯低透气性煤体定向聚能爆破增透机制[J].岩土力学,2013,34(9):2496-2500.
[121] FORRESTAL M J,FREW D J,HANCHAK S J,et al.Penetration of grout and concrete targets with ogive-nose steel projectiles[J].International journal of impact engineering,1996,18(5):465-476.
[122] 王开,康天合,李海涛,等.坚硬顶板控制放顶方式及合理悬顶长度的研究[J].岩石力学与工程学报,2009,28(11):2320-2327.
[123] 何廷峻.工作面端头悬顶在沿空巷道中破断位置的预测[J].煤炭学报,2000,25(1):30-33.
[124] LIU C Y,YANG J X,YU B. Rock-breaking mechanism and experimental analysis of confined blasting of borehole surrounding rock[J]. International journal of mining science and technology,2017,27(5):795-801.
[125] 陈明,卢文波,严鹏,等.爆破开挖对岩体含水裂纹扩展的扰动机制[J].岩土力学,2014,35(6):1555-1560.
[126] 王德超,王洪涛,李术才,等.基于煤体强度软化特性的综放沿空掘巷巷帮受力变形分析[J].中国矿业大学学报,2019,48(2):295-304.
[127] 王德超.千米深井综放沿空掘巷围岩变形破坏演化机理及控制研究[D].济南:山东大学,2015.
[128] 冯夏庭,周辉,杨存龙.高地应力下不同应力路径岩石卸载破坏特征的

真三轴试验与本构关系研究[R].武汉:中国科学院武汉岩土力学研究所,2006.

[129] WANG S L,ZHENG H,LI C G,et al. A finite element implementation of strain-softening rock mass[J]. International journal of rock mechanics and mining sciences,2011,48(1):67-76.

[130] LEE Y K,PIETRUSZCZAK S. A new numerical procedure for elasto-plastic analysis of a circular opening excavated in a strain-softening rock mass[J].Tunnelling and underground space technology,2008,23(5):588-599.

[131] WANG X Y,BAI J B,WANG R F,et al.Bearing characteristics of coal pillars based on modified limit equilibrium theory[J]. International journal of mining science and technology,2015,25(6):943-947.

[132] 王琼. 切顶卸压自成巷碎石帮承压变形机制研究[D]. 北京:中国矿业大学(北京),2019.

[133] 郭志飚,王琼,王昊昊,等. 切顶成巷碎石帮泥岩碎胀特性及侧压力分析[J]. 中国矿业大学学报,2018,47(5):987-994.

[134] 何满潮,王亚军,杨军,等. 切顶成巷工作面矿压分区特征及其影响因素分析[J]. 中国矿业大学学报,2018,47(6):1157-1165.

[135] 胡超文.高瓦斯矿井 110 工法矿压规律及其对瓦斯涌出影响机制[D]. 北京:中国矿业大学(北京),2019.

[136] 朱德仁. 长壁工作面基本顶的破断规律及其应用[D]. 徐州:中国矿业大学,1987.

[137] 何文瑞,何富连,陈冬冬,等. 坚硬厚基本顶特厚煤层综放沿空掘巷煤柱宽度与围岩控制[J].采矿与安全工程学报,2020,37(2):349-358,365.

[138] 郭金刚,王伟光,何富连,等.大断面综放沿空巷道基本顶破断结构与围岩稳定性分析[J].采矿与安全工程学报,2019,36(3):446-454,464.

[139] YAN H,HE F L,LI L Y,et al. Control mechanism of a cable truss system for stability of roadways within thick coal seams[J]. Journal

of Central South University,2017,24(5):1098-1110.

[140] 郭鹏飞. 延安禾二矿切顶卸压沿空留巷无煤柱开采研究及应用[D]. 北京:中国矿业大学(北京),2018.

[141] 王维维,李凤义,兰永伟. 切顶卸压沿空留巷技术研究及应用[J]. 黑龙江科技大学学报,2014,24(1):20-23.

[142] 孙兵军. 切顶卸压沿空留巷顶板变形机理及控制技术研究[D]. 淮南:安徽理工大学,2021.

[143] 王仁,殷有泉.工程岩石类介质的弹塑性本构关系[J].力学学报,1981,13(4):317-325.

[144] 徐秉业,王晓纯.谈谈弹塑性力学中的简化问题[J].力学与实践,2015,37(3):395-396.

[145] 徐秉业. 简明弹塑性力学[M]. 北京:高等教育出版社,2011.

[146] 黄炳香,张农,靖洪文,等.深井采动巷道围岩流变和结构失稳大变形理论[J].煤炭学报,2020,45(3):911-926.

[147] 谢红强,何江达,徐进. 岩石加卸载变形特性及力学参数试验研究[J]. 岩土工程学报,2003,25(3):336-338.

[148] 赵博,徐涛,杨圣奇,等. 循环载荷作用下高应力岩石疲劳损伤破坏数值模拟与试验研究[J].中南大学学报(自然科学版),2021,52(8):2725-2735.

[149] 康红普,张晓,王东攀,等. 无煤柱开采围岩控制技术及应用[J]. 煤炭学报,2022,47(1):16-44.

[150] 康红普,王金华,林健.煤矿巷道支护技术的研究与应用[J].煤炭学报,2010,35(11):1809-1814.

[151] 康红普. 我国煤矿巷道锚杆支护技术发展 60 年及展望[J]. 中国矿业大学学报,2016,45(6):1071-1081.

[152] 王宏伟,张登强,邓代新,等. 非静水压力条件下巷道围岩破碎区应力分布特征[J]. 煤炭学报,2020,45(11):3717-3725.

[153] 陶波,伍法权,郭改梅,等.西原模型对岩石流变特性的适应性及其参数确定[J].岩石力学与工程学报,2005,24(17):3165-3171.

[154] 高子璐，荣传新，唐彬. 基于改进西原模型巷道围岩流变参数反演分析[J].力学与实践，2020，42(1)：28-34.

[155] 孙广忠.论岩体力学介质[J]. 地质科学，1980(2)：177-185.

[156] 孙广忠，林文祝.结构面闭合变形法则及岩体弹性变形本构方程[J]. 地质科学，1983，18(2)：177-180.

[157] 孙广忠.岩体结构力学[J]. 地球科学进展，1992(1)：87-89.

[158] 郭建强，黄质宏.循环荷载作用下岩石疲劳本构模型初探[J]. 岩土工程学报，2015，37(9)：1698-1704.

[159] 刘红威，赵阳升，REN T X，等.切顶成巷条件下采空区覆岩破坏与裂隙发育特征[J].中国矿业大学学报，2022，51(1)：77-89.

[160] 宋立兵，郭春雨，王晓荣，等. 神东矿区切顶卸压留巷工作面“开式采空区”防灭火技术研究[J]. 中国矿业，2016，25(8)：117-121，134.

[161] 刘大江，许旭辉，朱恒忠，等. 中厚煤层坚硬顶板切顶卸压主动留巷关键参数研究[J]. 煤矿安全，2020，51(12)：237-243.

[162] 赵志鹏，欧阳烽，何富连，等. 切顶沿空留巷双向聚能爆破关键参数研究[J]. 煤矿安全，2022，53(2)：226-233.